零基础

也能趣味阅读！

你想知道的宇宙

高能加速器研究机构
基本粒子原子核研究所教授

[日] **松原隆彦** 主编

胡毅美 译

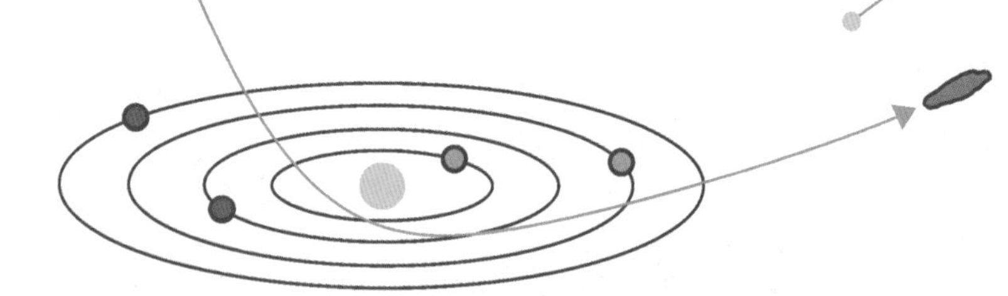

人民文学出版社 天天出版社

序　言

“虽然对宇宙知识比较感兴趣，但是感觉好像很难。”“尽管以前在学校里学过相关知识，但后来就再没接触过。”……如果您是一位这样的读者，那么我更希望您拥有这本书。只需要稍微翻阅一下您就会发现，这本书把和宇宙相关的知识逐一归纳在索引页上，并配有简洁的文字和清晰的插图。您不需要一页一页地按原书顺序去读，只要读自己感兴趣的部分就可以了。即使有一些是过去接触过的知识点，但是本书中加入了一些最新的观点，既方便读者学习新知识，又可以让读者巩固之前所学的知识。

关于宇宙的知识每天都在变化，过去无法想象的技术现在也在不断地出现。关于宇宙开发的新闻我们经常能听到，自阿波罗计划之后，暂时停滞的其他星球的载人探索等活动，也已重新开始。另外，随着观测技术的进步，对一些人类无法抵达的遥远天体以及我们所居住的宇宙整体的理论研究也取得了很大的进展。从人造卫星到太阳系、银河系，再到整个宇宙，我们将带领各位读者走进宇宙研究开发的最前线。

“宇宙”一词，正如它的字面意思一样浩瀚神秘，广袤无垠。尽管我们已经掌握了有关它的些许知识，但无尽的宇宙仍存有太多未知与奥秘。了解和开拓宇宙，将极大地拓展人类生存发展的可能性，但同时我们也必然要克服种种困难。前面有怎样的未来在等待着我们呢？希望各位读者一边阅读本书，一边畅想那片脱离日常生活的遥远太空。如果能让读者对超越日常认知的、多姿多彩的宇宙心驰神往，我们将感到无比荣幸！

松原隆彦
高能加速器研究机构基本粒子原子核研究所教授

目 录

第3章 关于宇宙的技术与最新研究 …… 155▼186

第4章 漫话明天 宇宙的故事 …… 187▼219

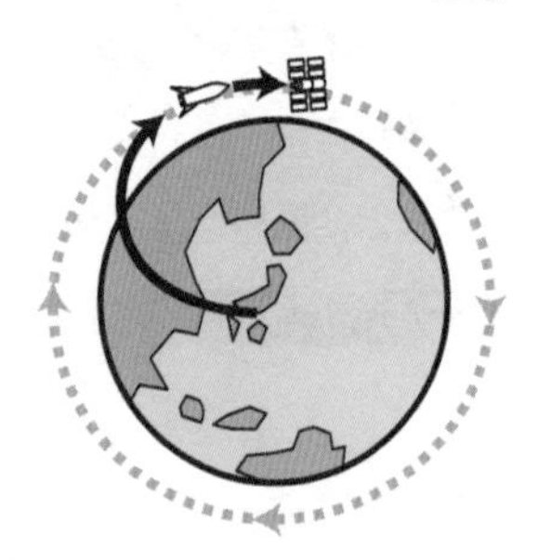

第 1 章

想要探索的宇宙世界

从夜空中我们可以看到无边无际的浩瀚宇宙。
那么，宇宙是一个什么样的地方呢？
宇宙的大小、星球的一生、超新星……
让我们一起来看看这个充满谜团的奇幻宇宙吧！

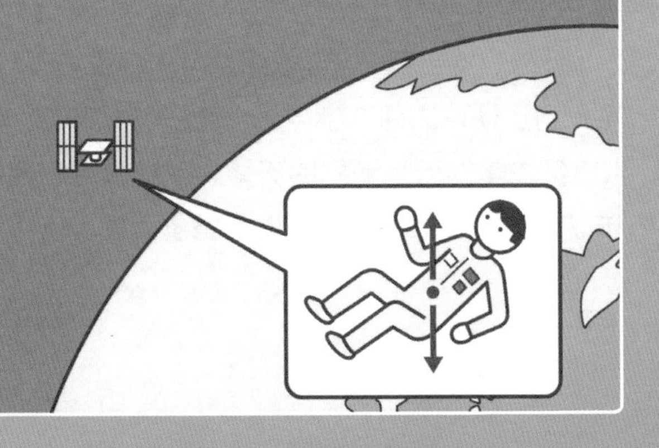

01 宇宙的尽头在哪里？

［基础］

我们能观测到的宇宙的尽头大约在138亿光年外，理论上可延伸到约464亿光年之外！

宇宙的尽头在哪里，宇宙又有多广阔？

举个例子，在地球上我们是看不到地平线以外的地面和海洋的。宇宙也一样，我们能观测到的宇宙的尽头被称为**宇宙地平线**（图1）。**我们能看到的宇宙地平线的距离约为138亿光年**，宇宙地平线对面的宇宙是怎样的，我们无法观测。

我们所看到的星光，是星星发出的经过多年才到达的光。假如现在有一颗距离地球4光年的星球，那么我们看到的星光就是它在4光年前发出的。宇宙中速度最快的东西是光。一般认为宇宙是在约138亿年前诞生的，如果用光来观测宇宙，138亿年前是极限。因此，现在宇宙的地平线可以说是光花费138亿年所到达的距离。

此外，**宇宙在一年中会扩展4光年左右**。138亿年前发出的光在到达地球之前，宇宙仍一直在持续膨胀。也就是说，在约138亿光年处所观测到的天体，现在已经在离我们约464亿光年以外的地方了。我们可以计算出，理论上存在的宇宙的尽头就在约464亿光年以外的地方（图2）。

我们能观测到的宇宙尽头叫宇宙地平线

▶什么是宇宙地平线？（图1）

与地球的地平线一样，我们能观测到的宇宙尽头叫“宇宙地平线”。

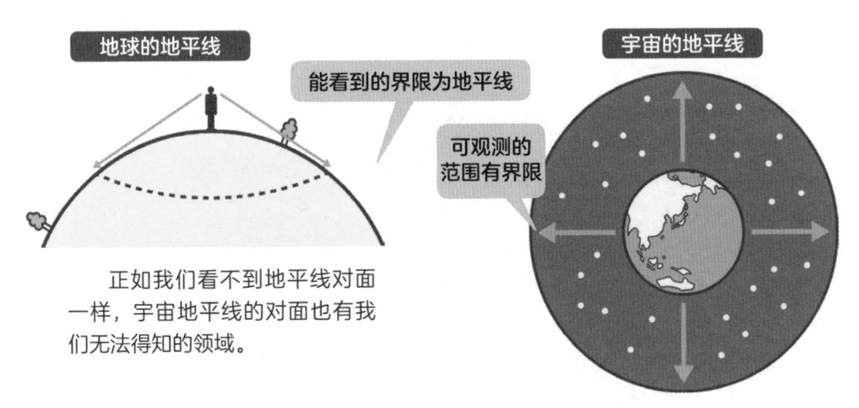

正如我们看不到地平线对面一样，宇宙地平线的对面也有我们无法得知的领域。

▶现在的宇宙有多大？（图2）

因为宇宙在膨胀，自宇宙诞生起到今天的138亿年里，宇宙的尽头在理论上已经扩展到464亿光年之外了。

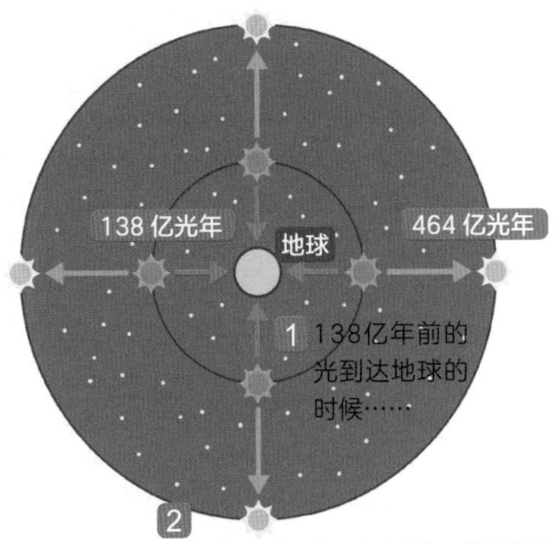

一般认为，由于宇宙膨胀，发光的天体位于464亿光年之外。

大约138亿年前的电波

在这个宇宙中能够观测到的最古老的光（电波）是宇宙诞生37万年之后的光，是宇宙放晴（第63页）时放射出的一种名为宇宙微波背景辐射的电波。

看看望不到边际的太空！

▶ 地球和太阳系

一般来说，距离地面约100千米以外的地方被称为太空。可以说，国际空间站（ISS）和人造卫星就飘浮在地球周围我们可以利用的太空中。

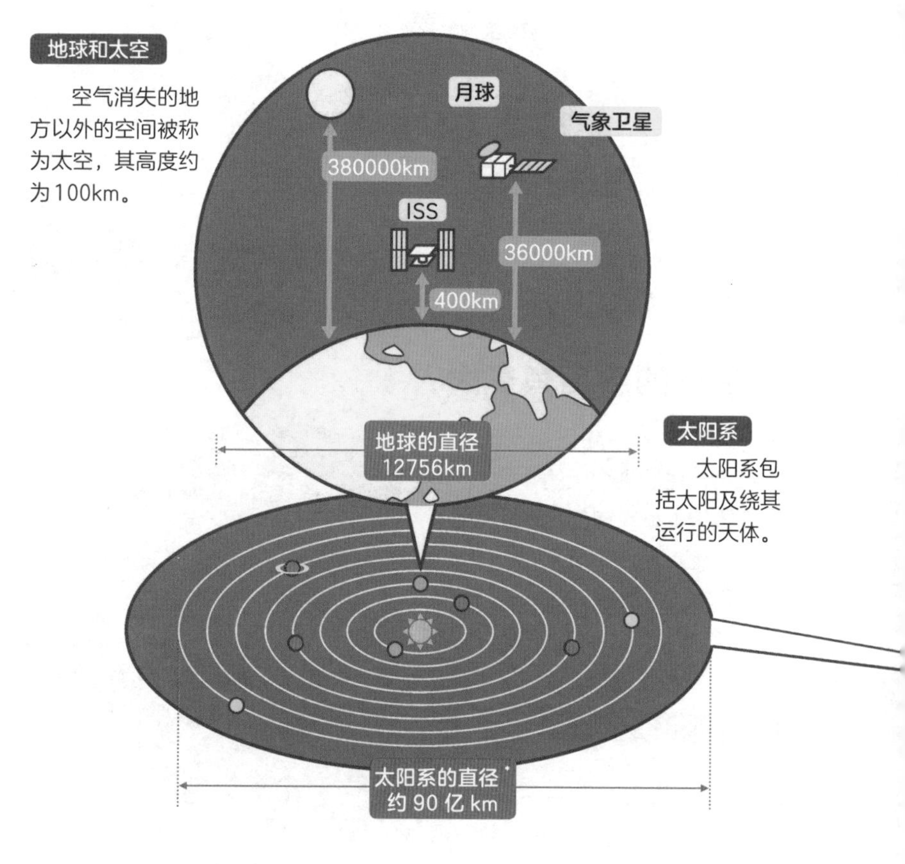

距离地球最近的天体——月球，离地球约38万km，太阳离地球约1.5亿km。以太阳为中心，行星和小行星等天体存在的区域被称为太阳系。

*太阳系的直径是太阳到海王星距离的两倍。

银河与宇宙

太阳系是银河系的一部分。银河是直径约10万光年、厚度约1000光年的旋涡状巨大天体。银河中像太阳一样的恒星大约有1000亿个，不保守估计可达4000亿个。

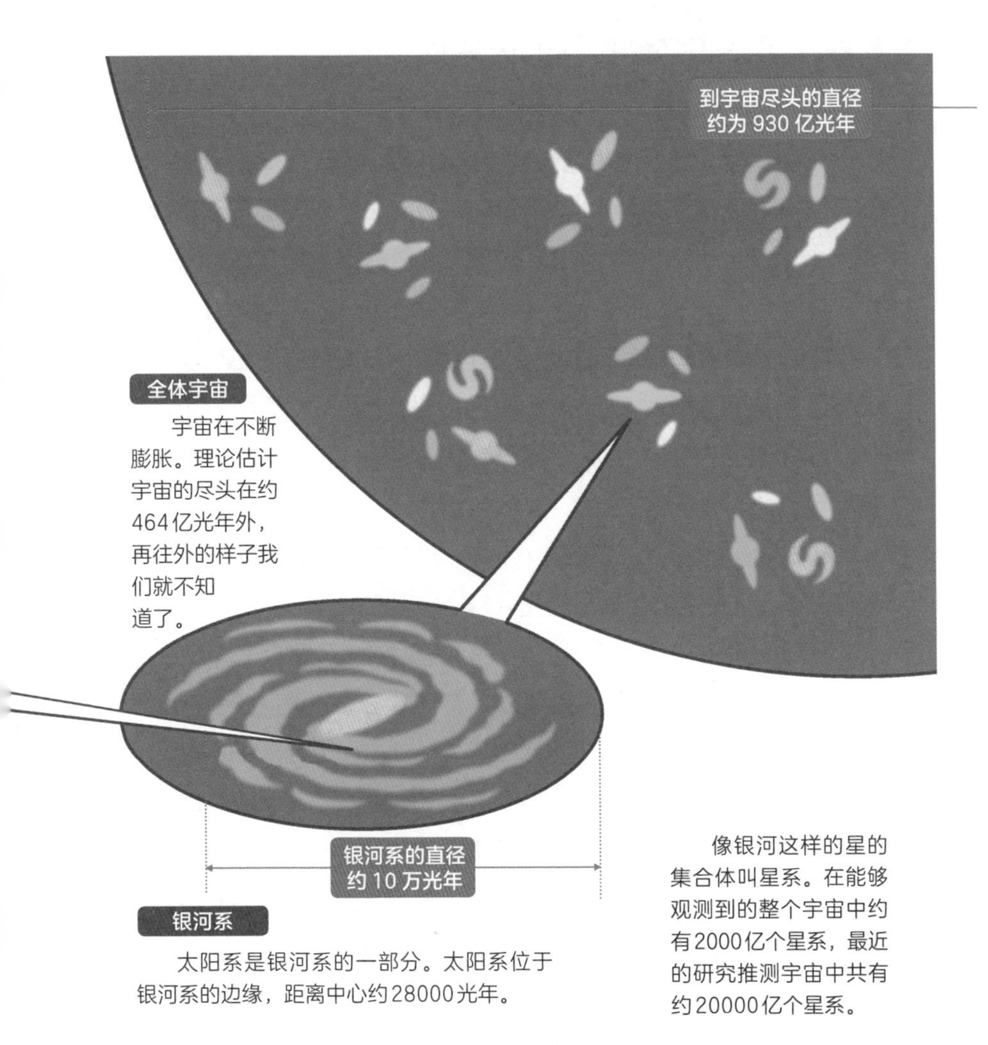

02 [基础] 行星？恒星？天体有哪些种类？

宇宙中有行星、卫星、恒星、星团、星云和星系等各种各样的天体！

仰望夜空，我们能够看到很多天体。如果单凭肉眼观测，虽然能分辨出亮度和颜色的不同，但是不知道各自是什么天体。如果借助望远镜来进行观测，就会知道**星体可分为若干种类**（图1）。

看起来较为明亮的几颗星星是**行星**。行星是围绕太阳运转的天体，**自身不发光，靠反射太阳光发光。**地球虽然也是行星之一，却拥有月亮这个**卫星**。另外，火星、木星、土星等行星也有卫星。

构成星座的星体几乎都是像太阳一样**自身能发光的恒星**。由数颗到数十万颗恒星组成的星群被称为**星团**。

飘浮在宇宙空间中的气体，在周围星光的照耀下，像云一样闪闪发光，这种天体被称为**星云**。有的星云因为气体遮挡了背后的星光，所以看起来会很黑。

宇宙中有一种聚集了1000万～100兆（1兆=10000亿）个恒星的恒星大星群，这样的天体被称为**星系**。太阳系被认为是银河系这个恒星大星群的一部分。**银河**是从银河系内侧看上去的样子，像无数的星体汇聚成的一条河（图2）。

使用望远镜，了解各类天体

各种类型的天体（图1）

宇宙中有各种各样的天体，依据大小和形状来划分，大概归类为以下几种：

星团

恒星的星群，靠彼此的引力聚集在一起。

星云

一种看起来是由浓厚的星际物质（第36页）聚集而成的云状天体。

星系

许多恒星、星际物质等汇集而成的天体。

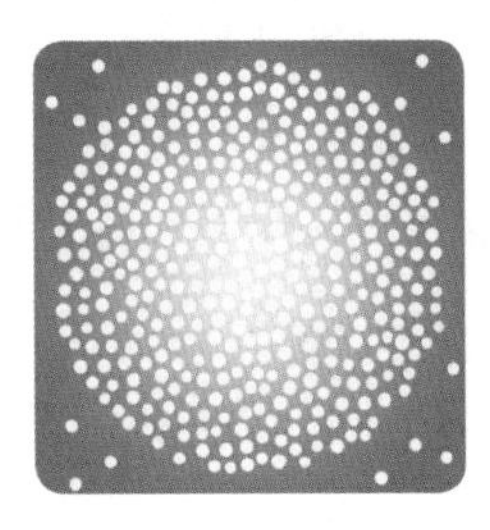

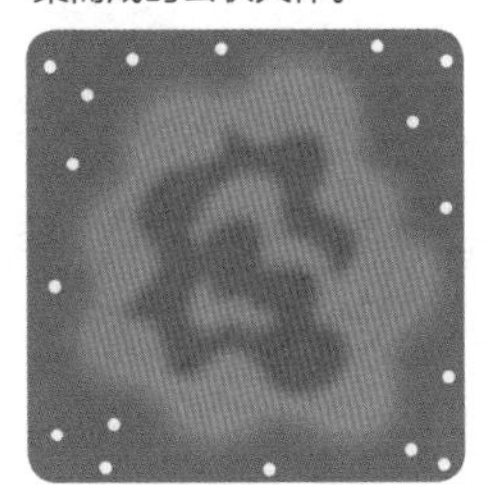

银河的构成（图2）

在太阳系所属的银河系中，星星们呈圆盘状伸展。因此，若从银河系内侧看银河系的中心，星星就形成一条像河流一样的带子。

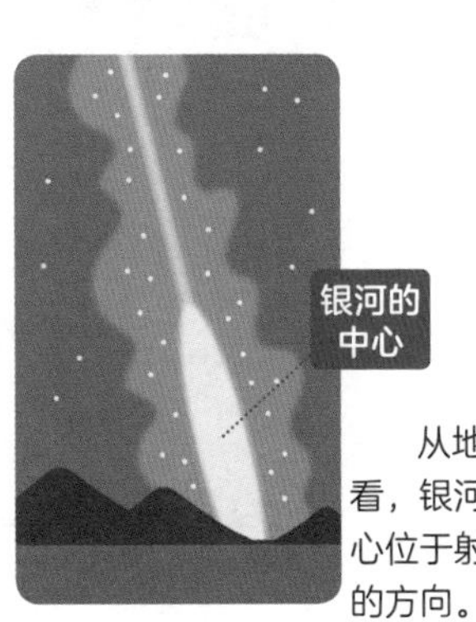

从地球上看，银河的中心位于射手座的方向。

银河的中心看起来是浓密的星体集合

观测方向

地球

03 1 光年有多远？测量宇宙的单位是什么？

［基础］

宇宙大小用三个单位表示，且天文单位 < 光年 < 秒差距

在测量宇宙距离的时候，我们经常会用“XX光年”来描述。另外，**表示宇宙距离的单位**还有“天文单位”和“秒差距”。那么，它们分别是什么意思呢？

首先是**天文单位**。太阳和地球的距离约为1.496亿千米，我们将**太阳和地球的距离定为1天文单位（AU）**（下图上）。在表示太阳系中这类较小的距离时，一般用1天文单位为基准来表示距离。如果使用天文单位，可以轻松地表示太阳到其他星体的距离。例如，太阳到木星约为5AU，太阳到土星约为10AU，太阳到天王星约为20AU，太阳到海王星的距离约为30AU。

其次是**光年**。在表示太阳到其他恒星或星系的距离时，若用天文单位，数值就会过大，这时就需要用光年（下图中）。1光年就是**光花1年时间行进的距离**，约95000亿千米。太阳距离其最近的恒星——比邻星约为4.2光年，距离北极星约为433光年，距离仙女座星系约为230万光年。

秒差距是指**从地球上观测恒星，当其周年视差**（下图下）**为1角秒时的距离，**1秒差距约等于3.26光年。测量同样距离时，秒差距数值较小且十分便利，所以是天文学家主要使用的单位。

1 秒差距 = 约 3.26 光年 = 约 20.6265 万 AU

▶ 测量宇宙大小的距离单位

天文单位（AU） 太阳与地球之间的距离，用来表示太阳系各天体之间的距离。

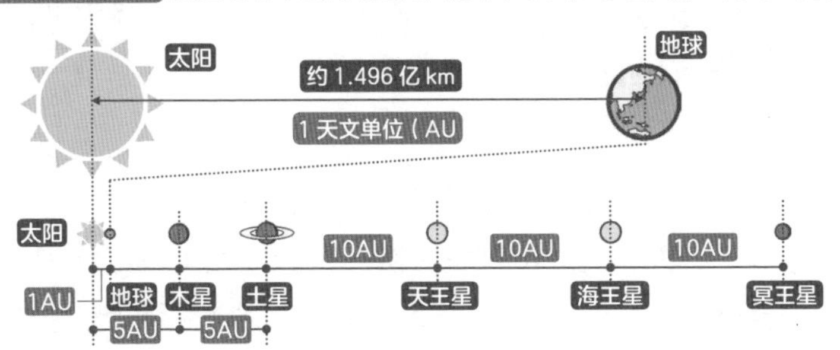

光年 光在宇宙空间中1年内行进的距离。

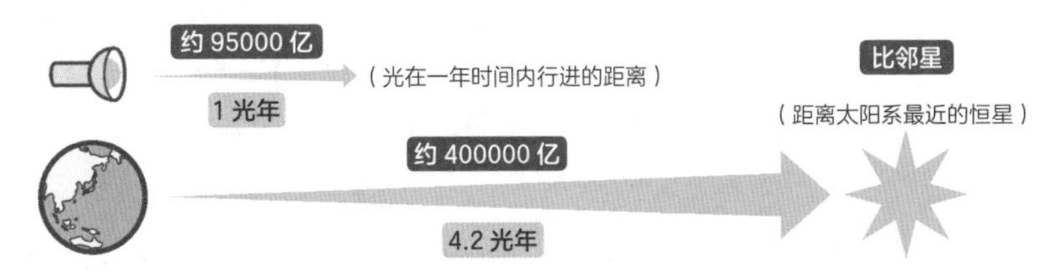

秒差距（pc） 周年视差为1角秒的距离，以天文单位为基准计算。

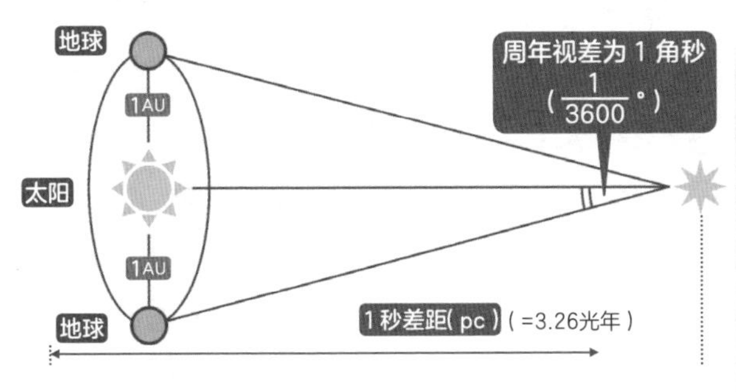

周年视差

是指由于地球的公转，从两个不同的位置所看到的同一天体的角度差。如果知道周年视差，就可以通过三角测量计算与天体之间的距离。

04 宇宙空间是“真空”吗？还是有其他东西？

［基础］

宇宙空间是“接近真空的状态”。和地球的空气相比，所含的物质极少！

人们常说宇宙处于“真空”状态。真空指的是“没有任何物质的状态”，而“绝对没有任何物质的状态”，在理论上被称为“绝对真空”。实际上，宇宙空间并非“绝对真空”，而是**存在着极少的原子和分子**。这里的“极少”到底是多少呢？让我们和地球比较一下。

覆盖在地球表面的空气是由氮和氧等分子构成的。在1立方厘米的地表附近的空气中（0摄氏度时），大约塞满了2700京（2700万的1万亿倍）个分子。

与此相对，在恒星与恒星之间的广阔宇宙空间，1立方厘米中只有**1个到数个分子和原子**。因此，与地面相比，宇宙中的空气是一种物质极其稀薄的状态（图1）。

这种密度稀薄、膨胀的物质，又可分为被称作“**星际气体**”的气体和**固体微粒**两种状态。部分气体和微粒在漫长岁月中聚集，密度越来越大，会形成构成新天体的材料（第36页），比如地球这类行星就是由这种物质构成的。

在宇宙空间中，不仅有原子、分子等物质，还有电波、光以及被叫作宇宙射线的粒子穿梭其间。除此之外，还存在着来历不明的暗物质和暗能量（图2）。

宇宙空间中飘浮着星际气体和微粒等物质

▶1cm³ 空间中所含有的原子和分子的数量（图1）

宇宙空间的密度比地表小。

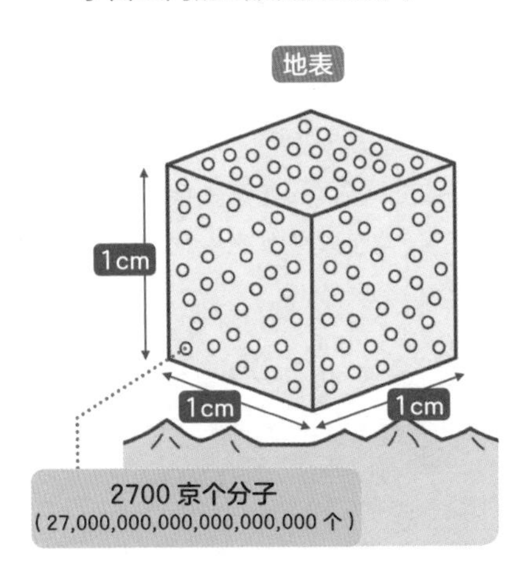

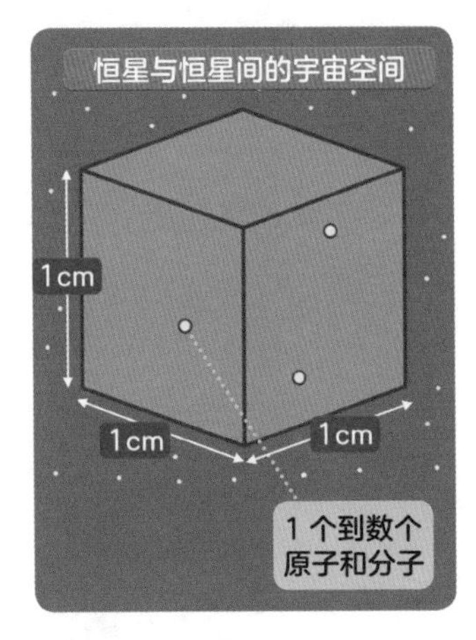

▶游弋在宇宙空间中的各类物质（图2）

宇宙空间除了原子和分子以外，还有各种东西穿梭其间。

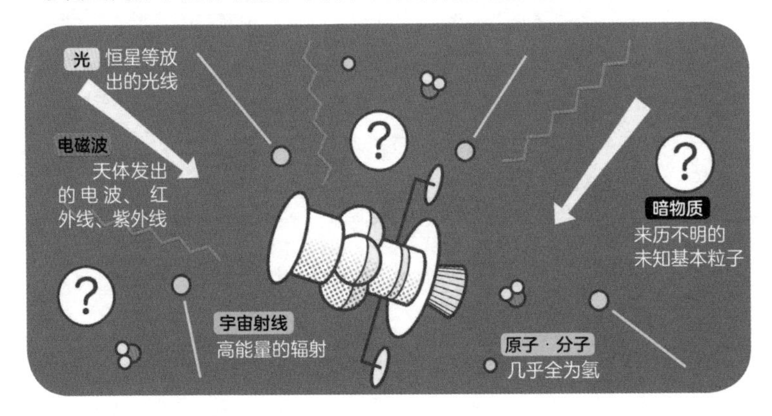

更多小知识
趣味宇宙
①

Q 如果不穿宇航服进入宇宙空间，人的身体会发生什么变化？

破损 或 干透 或 毫发无损

宇宙空间里没有空气，几乎是真空状态，所以人类进入宇宙空间的时候必须穿宇航服。如果没有宇航服，人的身体会发生什么变化呢？

一般来说，距离地面100千米以上的地方被称为太空。那里几乎没有空气，人如果不穿宇航服直接从太空舱里出来，必定会在几分钟内窒息而死。

由于太空的气压接近0，如果突然屏住呼吸，肺内的空气就会膨胀，导致肺损伤；此时如果通过呼气排出空气的话，肺会暂时得到舒缓，身体的循环系统也会保持血压恒定。可是，血液的流动和大脑的氧气供应早晚会停止，人在几分钟后就会死亡。

如果只是空气的问题，那么戴上潜水用的氧气瓶不就没事了吗？或许你会这么想，但事实并非如此。在地球的平地上，水在100摄氏度时沸腾，但如果到高山等气压较低的地方，水沸腾的温度就会变低。在气压接近0的太空中，眼泪和唾液等人体表面的液体甚至会在低于体温的温度下沸腾。

当水沸腾时，水的体积会增加1000倍以上，这时人的身体也会随之膨胀。不过，虽然不能说人体是密闭的，可是人体被皮肤遮盖，体内的血管也是闭合的，所以整个人体不会膨胀到立刻爆炸的地步。

眼泪和唾液会沸腾，不久血管内也会喷出水蒸气，血流停止。最后大脑也无法再被输送氧气，人就会失去意识。由于窒息或脑功能停止等，人会在数分钟内死亡。人死后，尸体会因为体内的水分沸腾，产生水蒸气而导致膨胀，最后完全脱水而干透。因此，正确答案是“干透”。

高度和气压

宇宙空间的气压几乎为零，水在低温下会沸腾。因而人体内的水分也会沸腾。

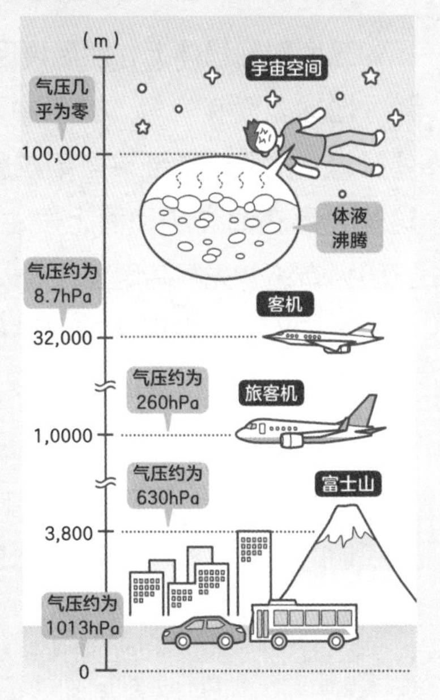

05 为什么明明有太阳，太空却一片漆黑？

[基础]

因为太空的颗粒很少，所以光不能反射，无法照亮周围！

从国际空间站（ISS）拍摄的影像来看，即使在有太阳的时候，太空中也依旧一片漆黑；但在地面上，当太阳升起的时候，天空是明亮的。为什么太空中是黑暗的呢？

从我们生活的地球出发来思考，我们之所以能看见物体，是因为**光照射到物体上，然后再反射到我们的眼睛里**（下图上）。

地球表面有空气，空气中飘浮着很多细小的尘埃、水和气体颗粒。**太阳光遇到这些颗粒后会向各个方向反射，分散开来。**这些光照在海洋和地面上发生反射，进一步分散到各个方向。正因为有这些光照亮周围，所以白天的地面看起来很明亮。

至于太空，在国际空间站所处的高度，即约400千米以外的地方，空气和尘埃都非常少，接近真空状态。即使有阳光照射进来，也没有尘埃和气体颗粒进行反射。

也就是说，光直接从太空中穿过，无法照亮周围，也不能进入我们的眼睛（下图下），因此太空看起来是一片漆黑的。

地表大气中的颗粒反射太阳光

▶地表明亮、太空黑暗的原因

阳光被悬浮在空气中的细小尘埃、水和气体颗粒等物质反射，分散开来，所以地表看起来是明亮的。

在地表　阳光被空气中的颗粒反射，显得明亮。

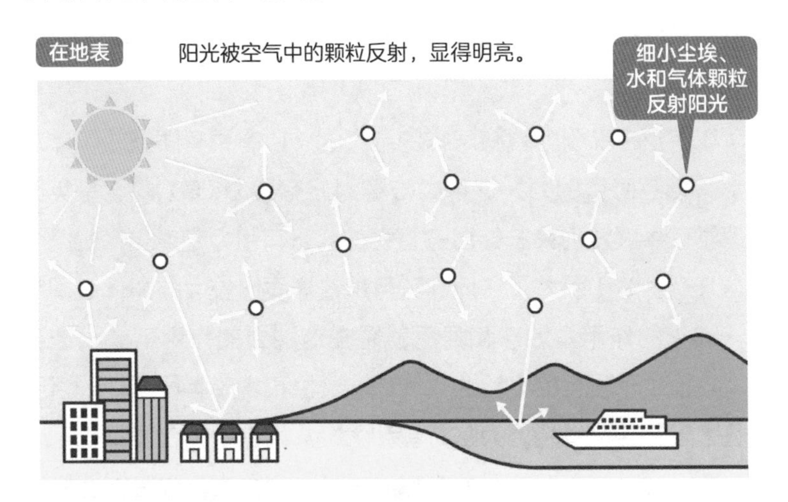

在太空中　因为没有反射太阳光的尘埃和气体等颗粒，所以太空看起来是暗的。

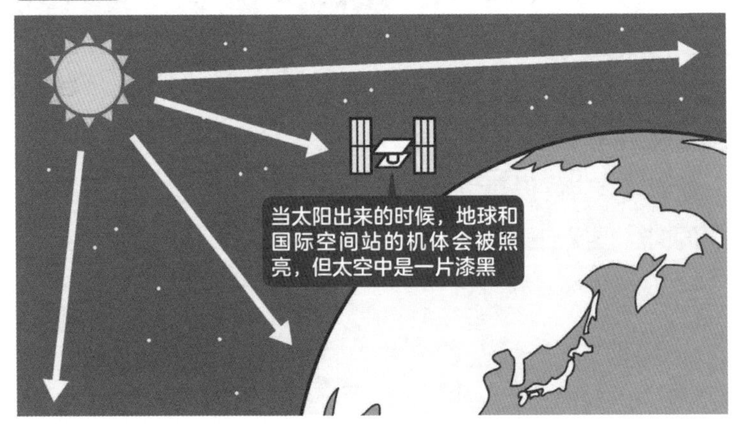

06 星体之间会互相牵引？什么是“引力”？

［基础］

引力是各星体之间**相互吸引的力**。如果没有引力，**星体就无法诞生**！

在宇宙中，引力具有怎样的意义呢？所有具有质量的物体之间都有**相互吸引的力**，这种力被称为**万有引力**（图1）。这是英国物理学家牛顿发现并总结出的著名的“万有引力定律”。

万有引力（引力）在地球和月球这样质量较大的物体之间起着非常大的作用。地球和月亮就是在这种力的作用下，一边互相“拉扯”一边互相旋转的。地球、火星和木星等行星能一直围绕着太阳运转，也是因为各行星和太阳之间有引力在发挥作用。

如果各星体之间的引力突然消失了，会发生什么呢？假如地球和太阳之间的引力消失，**地球就会像链球运动中脱离了铁链的球一样离开太阳，飞出太阳系。**同理，其他行星也如此。此外，太阳系所在的银河系也是由恒星和星云等的引力相互作用而形成的。

如果物体之间没有引力作用，那么氢等物质就不能聚集在一起，同时，**恒星自身也无法诞生**。

所有的物体都在互相牵引

万有引力定律是什么？（图1）

在万有引力定律下，会有以下两种结果。

1 物体越重引力越强

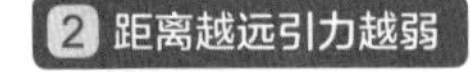

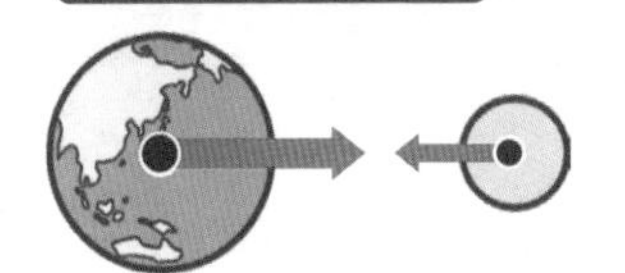

两个物体的质量越大，发生作用的引力就越大。

若物体远离，相互引力就会减弱。

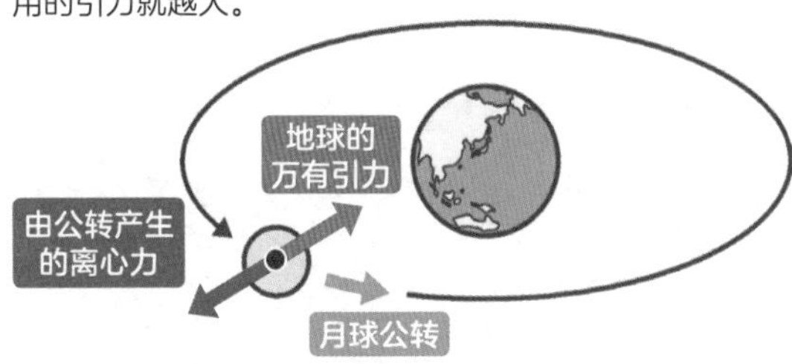

月球是在地球的万有引力牵引下旋转的。之所以没有被地球吸引过去，是因为同时受到月球公转产生的离心力作用。

在地球上体重 60kg 的人去到月球上之后……（图2）

月球的质量比地球小，所以万有引力的作用也小。因此人来到月球后，在体重秤上显示的体重会变成原来的大约$\frac{1}{6}$。

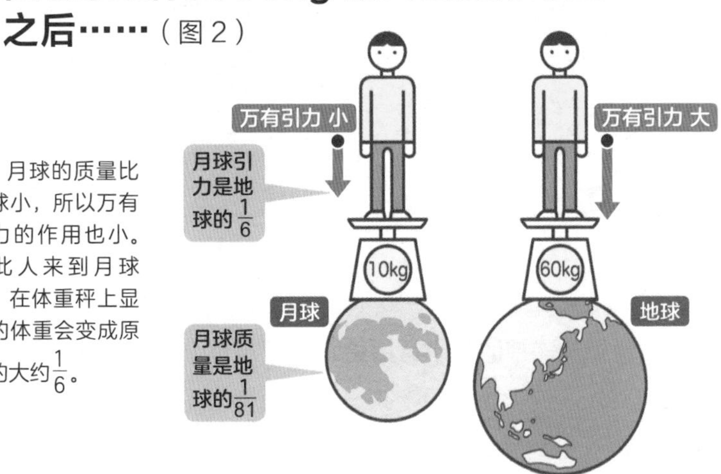

更多小知识
趣味宇宙
②

Q 在重力较小的天体上跳跃，结果会怎么样？

着地之后陷入地面 或 正常着地 或 飞到太空

如果在地球上跳跃，我们马上就会着地，这是因为地球的重力在起作用。那么在直径为地球的$\frac{1}{14000}$左右（约900米）的小型天体上跳跃的话，人究竟会怎样呢？

围绕太阳公转的，不仅有地球、火星和木星等质量较大的行星，还有一些**被叫作小行星的、直径从数米到数百千米的小天体**。如果人在这类小行星上跳跃的话，会发生什么呢？

在此，我们以日本探测器隼鸟2号造访的小行星——龙宫为例来看一下。龙宫的直径约为900米（约为地球的1/14000）。

龙宫的质量比地球小太多，所以重力也非常小。逃脱天体重力的速度被称为**逃逸速度**。龙宫的逃逸速度是每秒37厘米，而人在地球上垂直跳跃50厘米时的初速度约为每秒3米，所以这个速度可以轻松超越龙宫的逃逸速度。

因此，如果穿着宇航服落在龙宫上，在其表面用力跳跃的话，人就会直接飞向太空，再也回不来了。

那么，多大尺寸的小行星能让人类跳跃时飞向太空呢？数据显示，直径6千米的小行星法厄同的质量为200万亿（2.0×10^{14}）千克，可以计算出逃逸速度约为每秒3米。所以如果人类降落在这种大小的小行星上时，最好不要跳跃。

在小行星表面上用力跳跃的话……

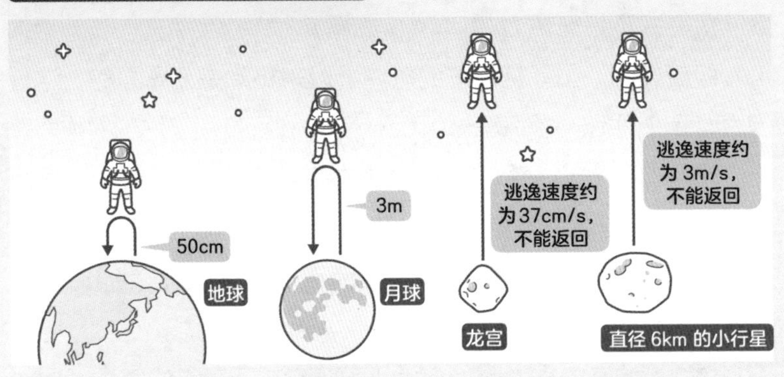

顺便说一下，即使人类在小行星上跳跃飞到了太空中，也**无法摆脱太阳的引力，只能绕着太阳继续旋转**。

07 [基础] 宇宙是无重力的吗？无重力是一种怎样的状态？

太空并不是无重力的。轻飘飘地浮在空中的状态叫作“失重状态”！

宇航员是飘浮在国际空间站（ISS）舱内的。都说太空是无重力的，那么无重力究竟是一种什么样的状态呢？

首先，太空就是无重力的吗？不一定。因为会受到附近天体的影响。如果是太阳系的话，就会受到地球、月亮和太阳等的**重力（引力）的影响**（第24页）。无论相隔多远，它们的重力都不会为0。即使是太阳系边缘的天体，也无法逃脱太阳的重力。因此，**太空并不是无重力**的。

即使如此，国际空间站的舱内看起来仍然是无重力的，这是因为国际空间站一边下落一边飞行，这个过程抵消了地球的重力。

国际空间站以每秒7.7千米（时速约28000千米）的超高速度绕地球飞行，但实际上却在地球重力的吸引下持续下降。只不过由于地球是球形的，所以**国际空间站在前进的同时会沿着地球的外围下落**（图2）。

物体被地球的重力吸引自然下落（自由下落）的时候，因为下落物体的重量会丢失，所以身体也感觉变轻了（图2）。国际空间站一边以飞快的速度飞行一边持续下落，重力会被抵消，坐在里面的宇航员和摆放的物品等也会轻飘飘地浮起来。这种状态被称为“失重状态”。

不叫“无重力”，而叫“失重”

▶太空并非没有重力（图1）

由于太空中的天体用引力在彼此牵引，因此太空并不是没有重力的。

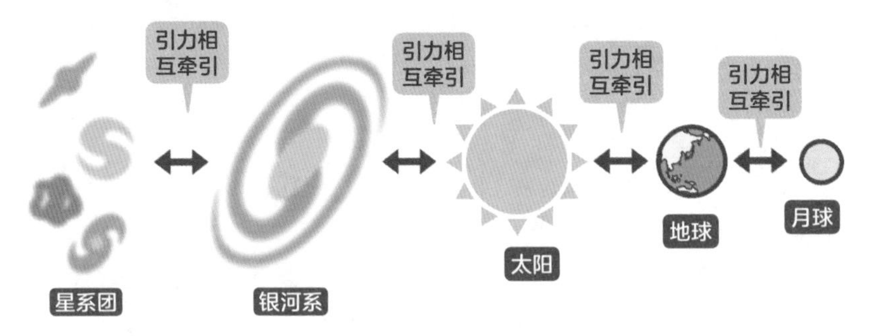

▶国际空间站一面坠落一面飞行（图2）

国际空间站既受到来自地球的重力影响，又受到沿水平方向前进的惯性力（惯性作用于具有质量的物体上所产生的可见力）影响。

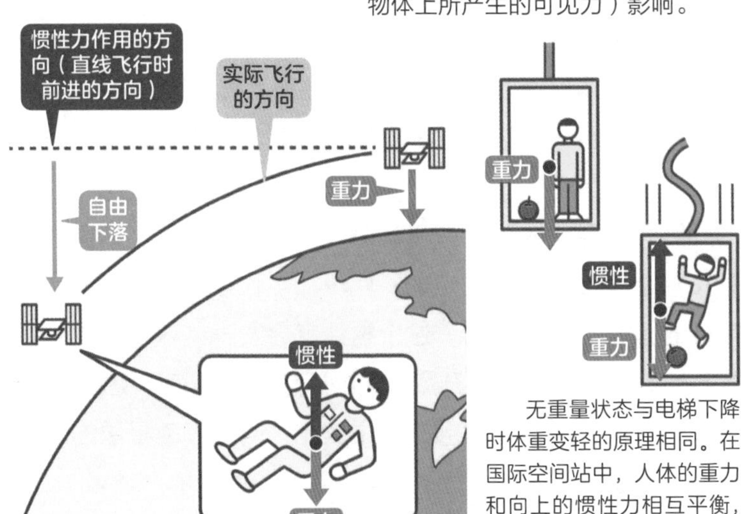

无重量状态与电梯下降时体重变轻的原理相同。在国际空间站中，人体的重力和向上的惯性力相互平衡，故处于无重量状态。

08 [基础] 为什么星星的亮度和颜色看起来不一样？

星星的亮度会随着距离的变化而改变，颜色会根据星星的温度而改变！

仰望夜空时，星星的亮度和颜色看起来有微妙差异。这是为什么呢?

在夜空中看到的星星，**根据亮度可分为若干个等级**（图1上）。古时候，人们是按亮度来为星星划分等级的，比如将肉眼能看到的最暗的星归为6等星，特别明亮的星归为1等星。像这样用肉眼观测星星时的可视亮度标准被称为**目视星等**。

另一方面，星星与地球之间的距离也会影响亮度（第32页）。因此将各类星星置于相同的距离时有多亮，这种表示星体真正亮度的标准叫作**绝对星等**。比如从外观上看，天狼星终日明亮，可是若用绝对星等来评判，位于更远处的天津四要明亮得多（图1下）。

另外，星星的颜色有浅蓝色、黄色和红色等。**不同的颜色是由星星表面的温度决定的**。就像加热铁板会变红一样，加热物体超过一定的温度时，这个物体就会发光。这一点也适用于恒星，随着表面温度的升高，光的颜色会以**红色、橙色、黄色、白色、浅蓝色和蓝色**的顺序发生变化，因为红色星星的表面温度低，浅蓝色星星的表面温度高（图2）。

温度升高时，颜色按红、黄、白和浅蓝色的顺序变化

▶ 星体的亮度表示方法(图1)

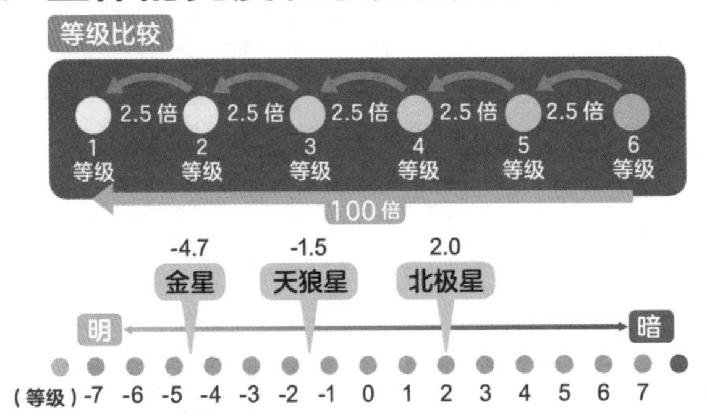

什么是等级?

表示星星亮度的单位，以前分为6个等级。现在等级的划分变得更加细致，尺度得到进一步扩展，如比1等星更亮的叫0等星或-1等星。

什么是绝对星等?

将所有星体置于和地球距离相同的位置（10秒差距时测量出的亮度等级）。即使是亮度（绝对等级）相同的星，如果它在地球近处就会显得更明亮，如果在地球远处就会显得更暗淡。

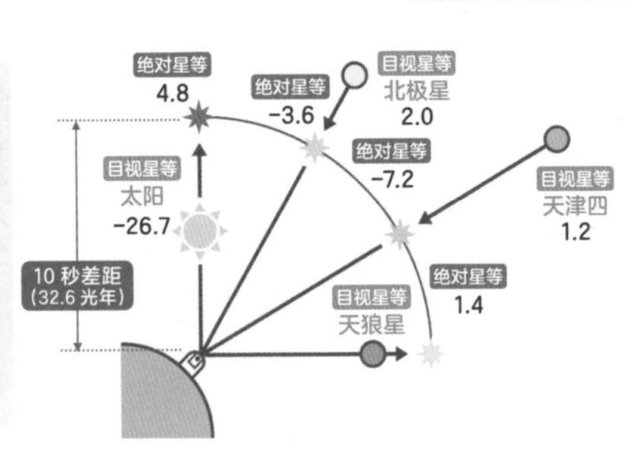

▶ 星体的颜色与表面温度（图2）

星体的表面温度升高时，颜色按照红色、橙色、黄色、白色、浅蓝色和蓝色的顺序变化。

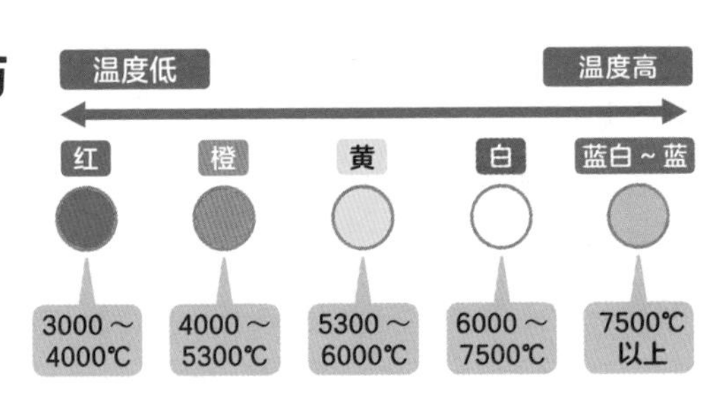

09 怎么测量星体的距离？

[基础]

**距离近的星体，可以用周年视差来测量距离；
距离远的星体，可以用亮度来测量距离！**

对于那些实际上我们无法抵达的、遥远的星体，该如何测量它们的距离呢?

对于距离较近的星体，可以利用**三角测量**的原理来实现测量（下图上）。例如，测量树的高度时，只要知道与树之间的距离和仰望树时的角度，就能计算出树的高度。利用这个原理，可以测出**从地球到太阳的距离和周年视差**（第17页），进而得出地球和星体之间的距离。对于距离在1000到10000光年左右的星体，我们可以利用这个方法测量距离。

对于距离较远的星体，可以根据其**颜色**来测定距离（下图下）。掌握了星体的确切颜色，就能判断出该星体的**绝对星等**。这是因为绝对星等能够表示星体的真正亮度（第30页）。绝对星等相同的星体，位于近处的会显得更加明亮，位于远处的会显得更加暗淡。利用这一点，我们可以推算出与星体之间的距离。

至于更远的星系的距离，要依据被叫作**Ia型超新星**（第40页）的亮度来求。Ia型超新星在最亮时的绝对星等，和其他星系的相差无几，所以可以利用它的可视亮度和绝对星等的差值来求出从地球到其他星系的距离。

利用星体的亮度测量遥远星体的距离

距离不同，测量方法也不同

测量近距离时

1000～10000光年的近距离星体可用三角测量的原理计算。

距离的测量法

利用边BC的距离和角A的值求边AB的距离。

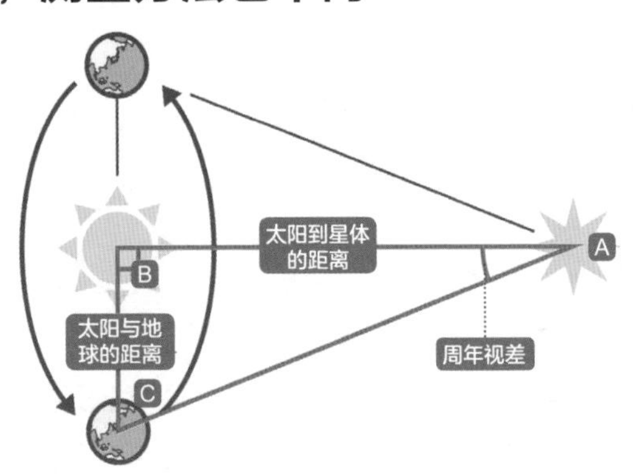

测量远距离时

对于其他星系的遥远星体，可以用实际亮度（绝对星等）和可视亮度的差值来计算距离。

可视亮度与距离的关系

可视亮度会与到地球的距离的平方成反比变暗。即使绝对星等相同，若距离是2倍，亮度会变为$\frac{1}{4}$。

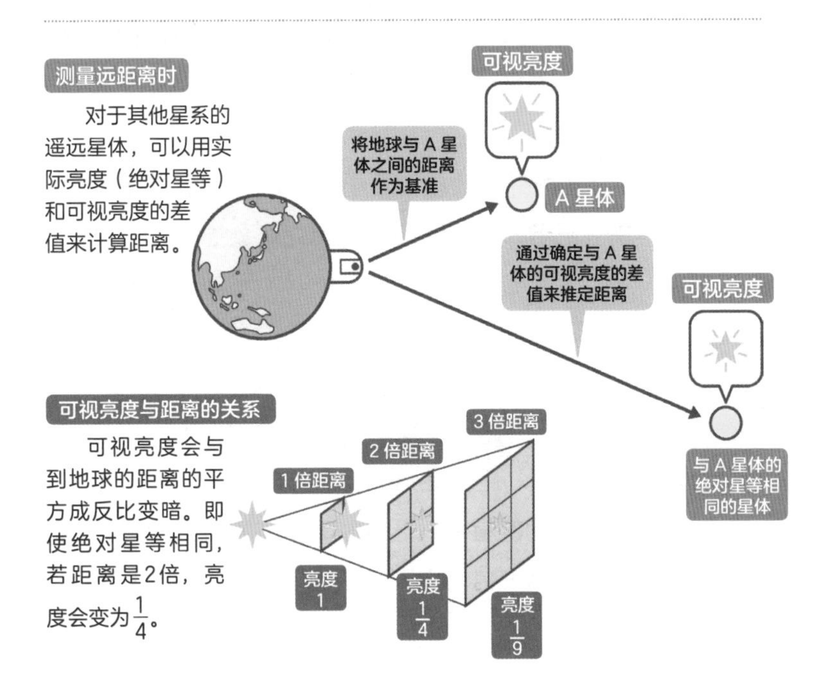

10 ［基础］ 构成星座的星星在多远的地方？

星座中的各个星星到地球的距离是各不相同的。肉眼看到的星星最远也只有 2200 光年左右！

如果把夜空中的星星连接起来，就会形成许多星座。这些星座实际上离我们有多远呢？

组成**星座**的星星，它们看起来似乎到地球的距离是一样的，但实际上它们到地球的距离**大不相同**（图1）。比如猎户座中，最亮的参宿七距地863光年，参宿四距地498光年，并排在中间的三颗星，从左到右的距地距离分别是736光年、1977光年、692光年……

那么，主要星座里的主要星体距离地球有多远呢？据说距离太阳最近的恒星——半人马座里的比邻星为4.2光年，全天中最明亮的星体——大犬座的天狼星为8.6光年，天鹰座里的河鼓二（又称牛郎星）为17光年，天琴座的织女星为25光年。在更远的太空中，天鹅座的天津四距离地球1412光年。

在夜空中**肉眼能看到的天体几乎都是银河中的恒星**。据说肉眼能看到的最远的恒星，距离地球2200光年左右。如果在南半球，我们可以看到遥远的星系，还能看到距地16万光年的大麦哲伦星系以及20万光年的小麦哲伦星系等**银河之外**的星系。

夜空中的星座只是其外观形状

▶观测星座的方法（图1）

星座是从地球上看到的外观上的形状。夜空中的星座看起来就像粘在一个大大的圆形天球上一样。

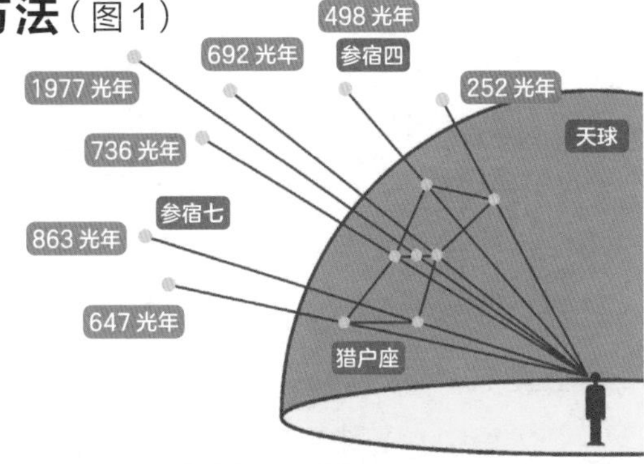

▶构成星座的天体到地球的距离（图2）

构成星座的天体几乎都是银河系中的恒星，肉眼能看到的最远也只有2200光年左右的距离。

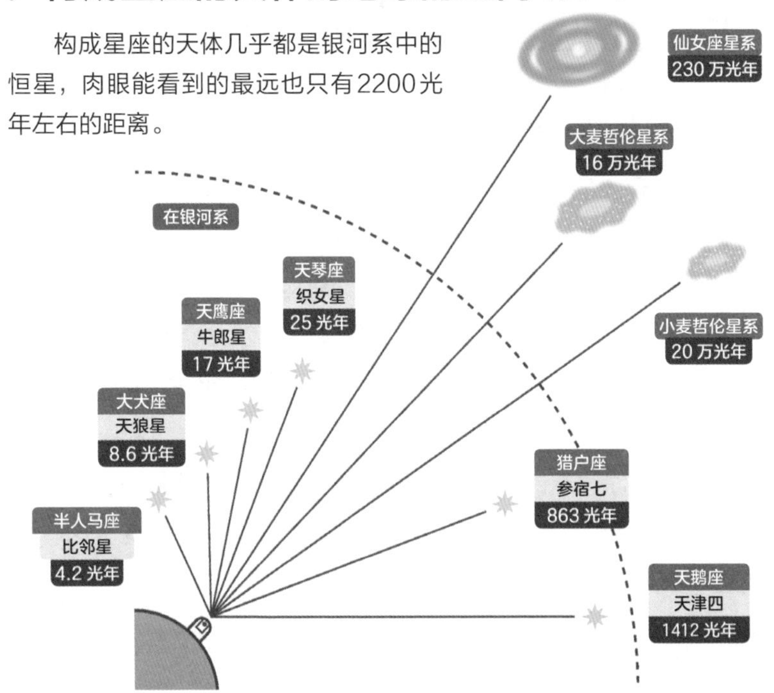

11

[星体]

宇宙中的恒星是怎样诞生的？

太空中的气体和尘埃，在重力的作用下慢慢收缩，形成恒星的雏形！

星体是如何诞生的呢？我们来看一下恒星和行星（第14页）的诞生吧！

在太空中，各种各样的原子和分子以气体和尘埃的形式飘浮着，它们被称为**星际云（星际气体、星际物质）**。星际云的一部分气体和尘埃相互吸引和聚集，逐渐形成一种名叫**星际分子云**的造星原材料。

随着时间的推移，星际分子云因重力收缩，温度升高，中心形成密度较大的部分（分子云核）。核的周围会出现旋涡状的气体和圆盘形的尘埃，最终在中心形成恒星的雏形——**原恒星**。

原恒星进一步收缩，达到更高的温度，**在中心部分开始发生核聚变反应**。核聚变反应将构成恒星的大部分氢元素转变为氦元素，释放出巨大的能量（第81页）。凭借这种能量，星体发出光和热，就这样，能够自身发光的恒星就诞生了。

围绕着原恒星的圆盘中的气体和尘埃之间的**相互黏合逐渐变大，形成行星**。一般认为，同样是行星的地球也经过了这样的过程，在46亿年前诞生。

恒星在充满气体和尘埃的云中诞生

从星际云到恒星的诞生

大部分以氢原子形式存在，温度为 -260℃左右

1 星际分子云

太空中的气体和尘埃聚集成为星际云，是形成恒星的原材料。

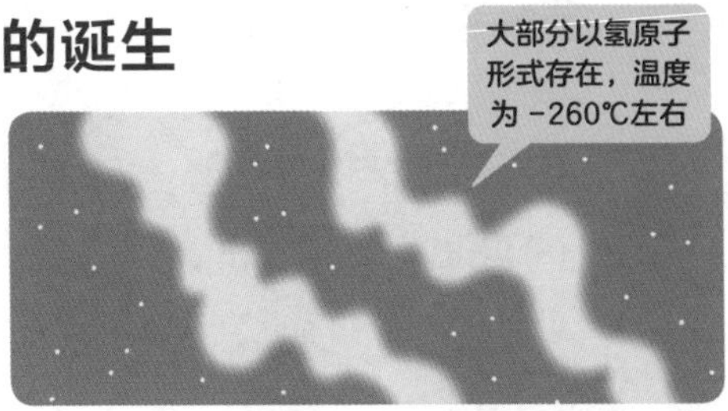

收缩

当核的密度达到一定程度时，收缩就会停止。此时还未发光

2 分子云核

星际云中密度较大的部分，靠自身的重力慢慢收缩。

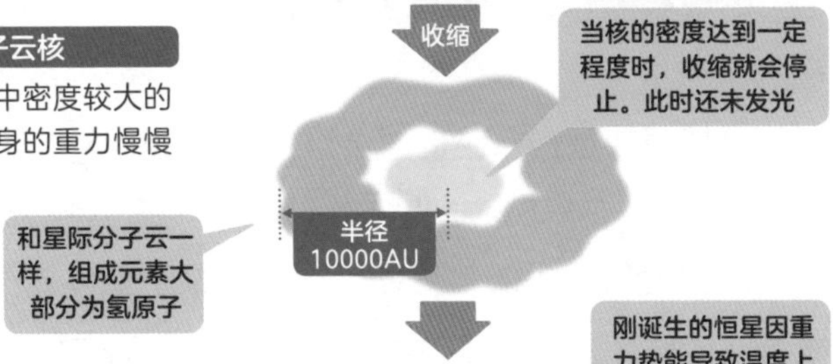

和星际分子云一样，组成元素大部分为氢原子

半径 10000AU

刚诞生的恒星因重力势能导致温度上升，进而发出光芒

3 原恒星

恒星的雏形。重力导致的收缩停止，新星诞生。

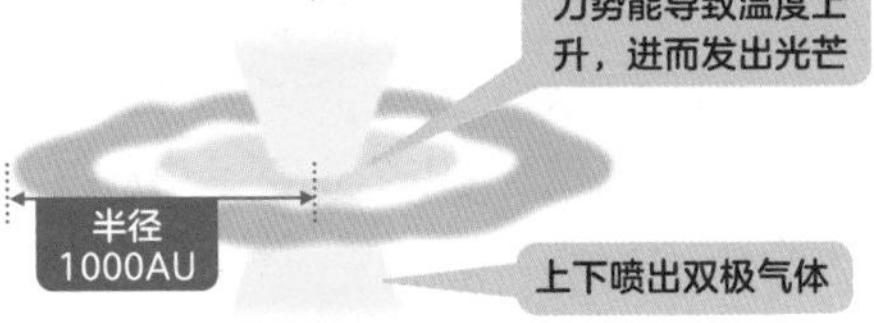

半径 1000AU

上下喷出双极气体

4 原恒星进化（金牛 T 星）

原始恒星进化，周围的气体呈圆盘状扩散。

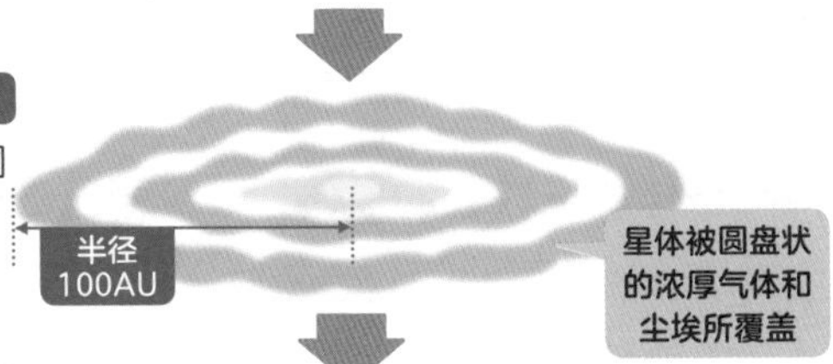

半径 100AU

星体被圆盘状的浓厚气体和尘埃所覆盖

5 恒星与行星（主序星）

原恒星发生氢的核聚变反应，形成恒星。周围的气体和尘埃聚集在一起形成行星。

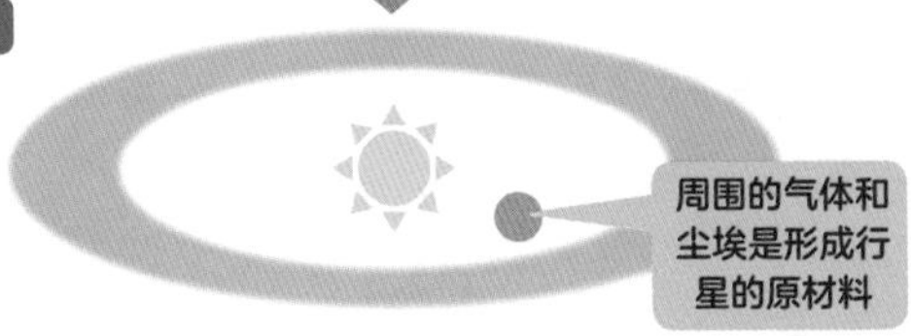

周围的气体和尘埃是形成行星的原材料

12 现存的星体最终会面临怎样的命运？

[星体]

星体的质量不同，结果也会有差异，有的会内部收缩，变成黑洞！

刚诞生的星体（恒星），会发生由4个氢原子变为1个氦原子的**核聚变反应**（第81页）。一方面，恒星诞生后经过很长一段时间，**核聚变反应产生的氦会堆积在恒星的中心部分**。不久后，内部压力变弱并在重力的作用下破裂，随后**中心部分的温度上升**，同时内部产生的热量向外释放，**整个星体处于巨大的膨胀状态**。之后，膨胀的外层会因为温度下降而变红，成为**红巨星**。

另一方面，恒星内部的温度会进一步上升，再次发生核聚变反应。不过这次的核聚变不再是由氢产生氦，而是由氦不断生成碳和氧等重元素。根据这种反应，**恒星的中心因为重元素的重量而收缩**。

从这里开始，变化过程就会因恒星的质量而存在差异了。像太阳一样质量较轻的星体，很快就无法进行反应，于是内外层脱离了，然后中心部分会变成一种名为**白矮星**的小恒星。

如果是质量大于太阳8倍的恒星，其中心部分的温度会持续上升，最后会发生足以将整个恒星摧毁的**超新星爆炸**，然后在它的中心部分留下**中子星**和**黑洞**。

核聚变反应结束后，较重的星体会被摧毁

▶恒星的末日

恒星的寿命是由质量决定的，质量较轻的恒星的寿命为几十亿年到几百亿年，质量较重的恒星的寿命为几百万年到一千万年。

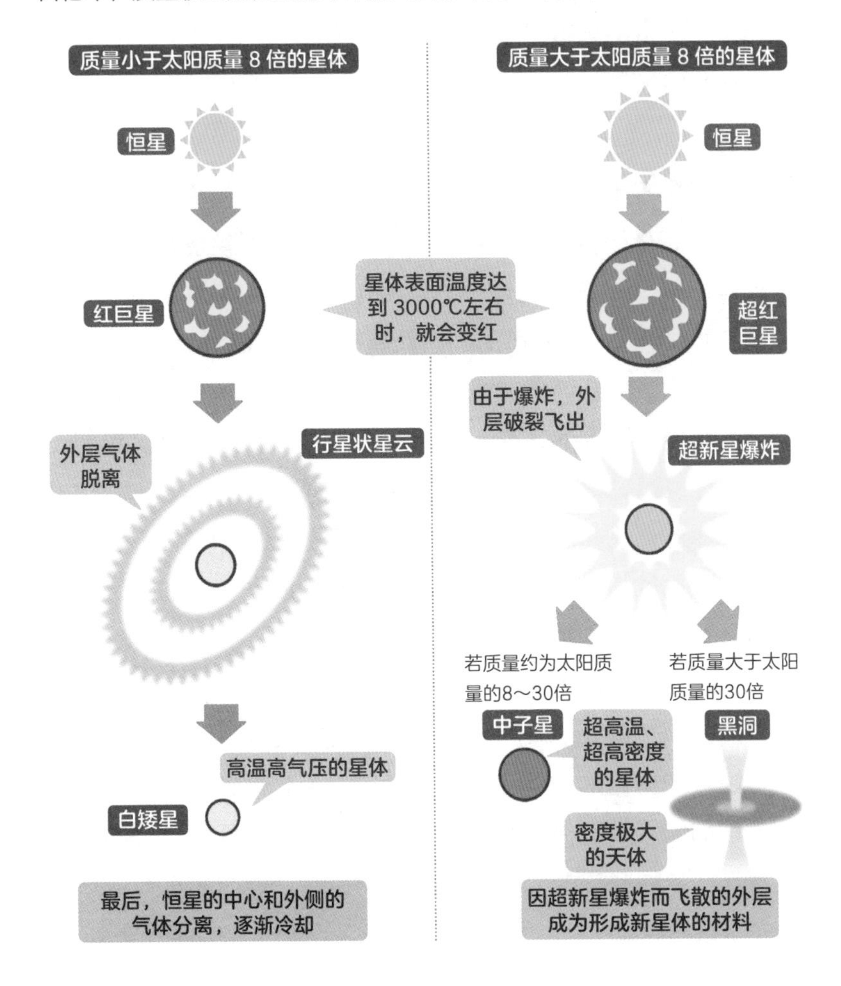

13 超新星是什么？会爆炸吗？

［星体］

恒星收缩，质量达到极限值时，由于反作用力而引发的爆炸现象！

超新星到底是什么呢？

超新星不是星体的名字，而是一种现象。整个恒星发生爆炸，最终解体弥散为星际物质，也被称为**超新星爆炸**。这个过程就像出现了一颗新星体一样明亮，因此被称为超新星。在过去的2000年间，肉眼可见的**超新星有8次**左右（图1）。1054年在金牛座出现的超新星，据说在长达23天的时间里，一直发出在白天也能被看到的光芒。这颗超新星的残骸被称为蟹状星云，即使现在也能观测到。超新星**主要有两种类型**：

一种**是Ia型超新星**（图2上）。当白矮星附近有一颗红巨星时，红巨星表面的气体会被重力更大的白矮星吸收，这时**变大变重的白矮星就会发生大爆炸**。

另一种是**Ⅱ型超新星**（图2下）。质量在太阳8倍以上的重星体，当核聚变的燃料物质耗尽后，它的中心部分会形成铁核。这个铁核在重力的作用下变得不稳定，引起重力坍缩，进而**恒星急剧坍缩，其反作用又会引发爆炸**。由于这两种类型的超新星爆炸，各种各样的元素飞散到了宇宙中，成为后来形成新恒星和新行星的原材料。

两种超新星

肉眼可见的主要超新星（图 1）

肉眼可见的超新星以数百年一次的频率出现。最大亮度是最亮的亮度等级，亮度甚至能达到负数等级。

公元	星座·天体	最大亮度
185 年	半人马座	不详
393 年	天蝎座	不详
1006 年	天狼座	-8
1054 年	金牛座	-6
1181 年	仙后座	0
1572 年	仙后座	-4
1604 年	蛇夫座	-3
1987 年	大麦哲伦星系	3

两种类型的超新星（图 2）

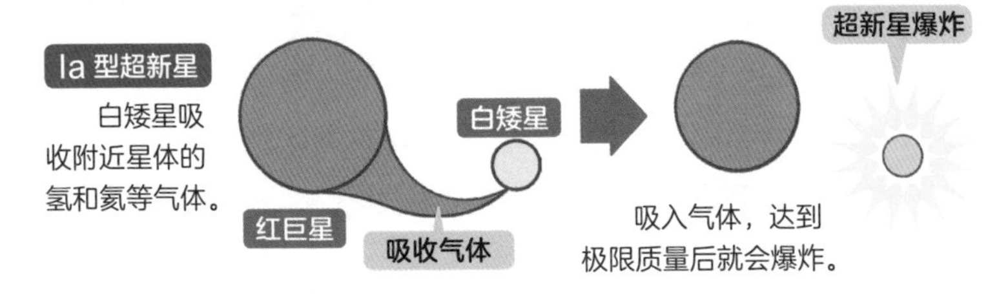

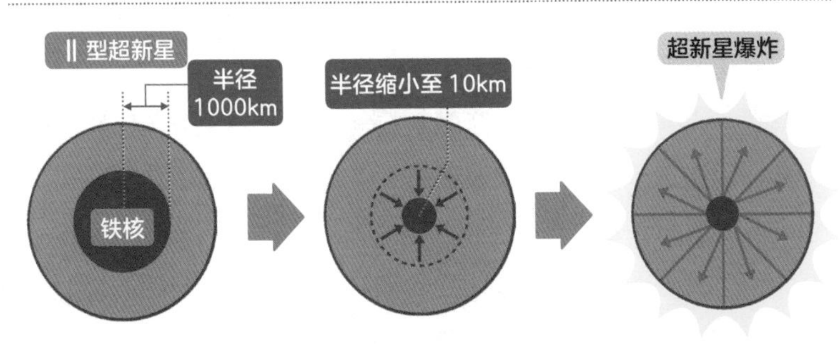

核聚变反应停止后，最后形成铁核。

铁核在自身重力的作用下坍缩（重力坍缩）。

坍塌的恒星外侧反弹到铁核上，恒星被炸得飞散。

14 [星体] 质量很大的星体？中子星和黑洞

二者都是超新星爆炸后残留的天体，极小又极重！

质量在太阳质量8倍以上的恒星在发生超新星爆炸后，其中心会留下中子星或者黑洞（第38页）。

质量为太阳质量8～30倍的恒星发生超新星爆炸后，中心会留下**中子星**。因为这颗星体主要是由构成原子的基本粒子（质子、中子和电子）中的**中子构成**，故由此命名（图1）。

中子星的半径虽然只有10千米左右，但它的重量和太阳差不多，是一种超高密度的星体，每1立方厘米就有数亿吨重。另外，它还是一颗高速自转的天体（脉冲星），据观测，位于金牛座的中子星每秒可旋转30次。

质量为太阳30倍以上的星体发生超新星爆炸后，剩下的中心核无法承受自身的重力，达到崩溃的极限，这样的天体被称为**黑洞**。黑洞**质量超大且密度超高**，能将一定距离以内的所有物体都吸进去，而一旦被吸进去，物体就会在里面被压扁，再也逃不出来（图2）。

尽管黑洞是一种无法直接观测的、连光都能吸入的“**黑色洞穴**”，可人们还是通过观测黑洞吸入附近恒星气体时所产生的X射线，确认了它的存在。

超新星爆炸后残留的天体

▶ 中子星的样子（图 1）

据观测，大多数中子星为脉冲星。

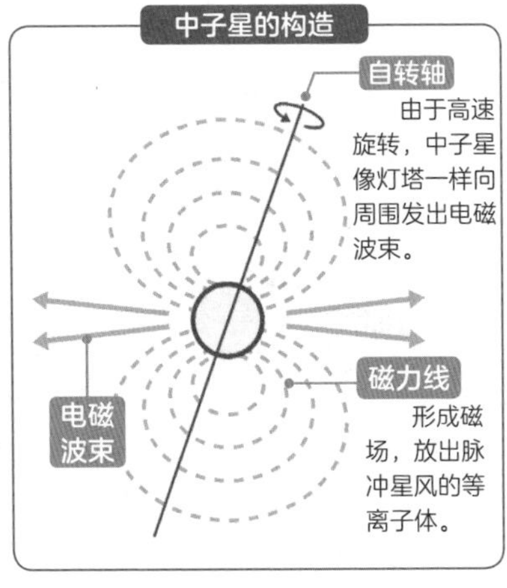

▶ 黑洞的样子（图 2）

由于强大的重力，连光都能被吸进去，所以看起来像“黑色洞穴”。

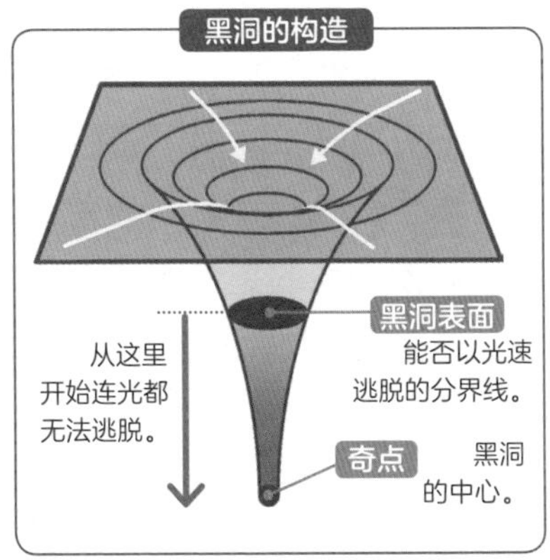

会出现能够吞噬

大型强子对撞机（图1）

大型强子对撞机是让质子和质子对撞的加速器，用于观测在碰撞产生的高能环境下所发生的现象。

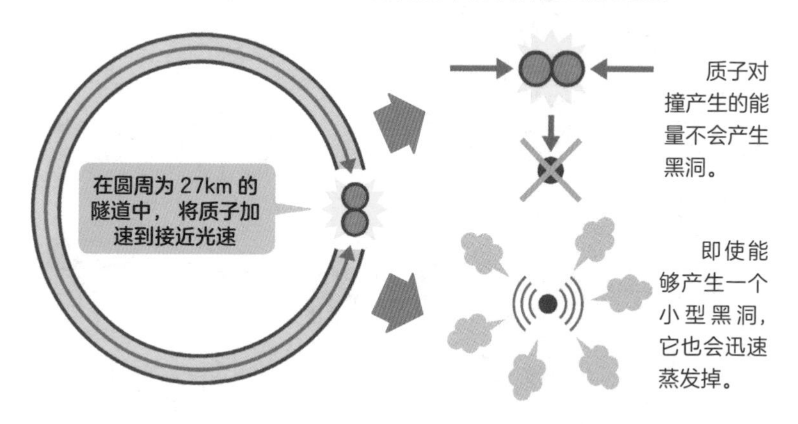

黑洞能够吞噬一切，甚至连光都无法从黑洞中逃脱……如此可怕的黑洞有可能出现在地球上吗？

实际上，在欧洲原子核研究机构（CERN）有一种名为**大型强子对撞机**（LHC）的科学实验设施，它能使质子加速，并使之发生碰撞（图1）。人们期望**通过这个设施的实验，可以生成黑洞**。但遗憾的是，即使以接近光速的速度使质子发生碰撞，也不能达到所需的能量，因此目前还没能观测到黑洞的生成。

不过也有一种理论认为，宇宙是由比**空间上的三维和时间上的四维更高的维度构成**的。按照这个理论，如果重力泄漏到额外维度，LHC就有可能诞生黑洞。不过，即使产生了黑洞，也会因为其**自身体积太小而迅速蒸发**，不会对周围产生任何影响。

地球的黑洞吗？

月球会成为黑洞吗？（图2）

黑洞的构造

一种由于重力而崩溃、中心部分无限坍缩的天体，甚至连光都无法逃脱。

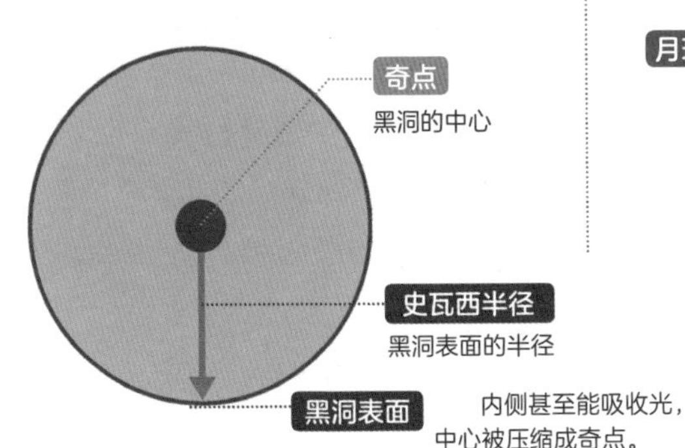

月球的黑洞化

据说，如果把月球压到直径0.1mm大小，月球就会变成黑洞。

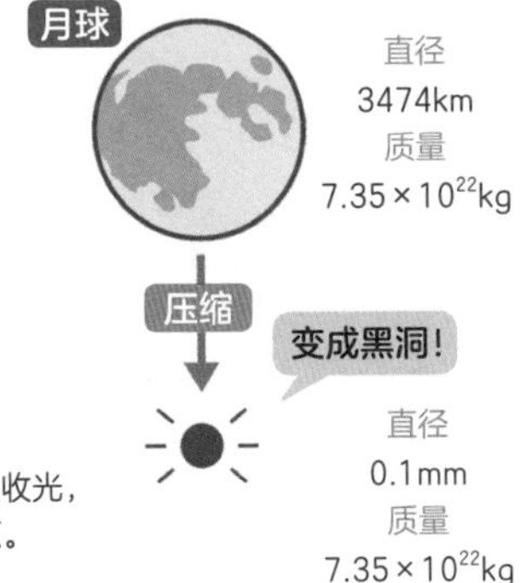

那么，从理论上来说，只要将物体压缩到极限值，并把它填入到小区域中，就可以形成黑洞。如果继续压缩，就会达到**黑洞形成的临界半径**，被称为**史瓦西半径**。例如，把月球压缩到直径0.1毫米时，月球就会变成黑洞（图2）。

如果一个黑洞达到了月球的质量的话是很危险的。因为它可以吸收周围的所有物质从而使自身体积不断变大。因此，如果有这样一个黑洞落到地球上，它就会不断吞噬周围的物质并不断变大，最终有可能将整个地球吞噬掉。

15 遥远的行星是怎么被发现的？

［星体］

要想发现太阳系以外的行星，可以使用多普勒法和凌日法等！

环绕太阳系以外的恒星运行的行星被称为**系外行星**。自20世纪90年代被发现以来，到2020年3月已确认了约4200个系外行星。其中还发现了可能拥有与地球相似环境的行星。将来，或许会在上面勘察是否存在水和生物。

尽管如此，系外行星处于非常遥远的地方，并且与恒星相比又小又暗，用望远镜几乎无法直接发现。因此，我们一直使用两种方法。

一种是**多普勒法**。在生活中，我们拿着沉重的东西转动身体时，身体会不断地摇晃。同理，拥有行星的恒星也在一边摇晃，一边旋转。**当拥有行星的恒星摇晃时，恒星的光的波长会发生微妙变化**，因此抓住这一点可以发现行星（图1）。

另一种是**凌日法**。行星以一定的速度围绕恒星运行，当行星经过恒星前面时，恒星的光会被遮挡，因此光的量会略微减少。我们就是通过**观测这种光的量在一定间隔内减少或增加**，来探明该恒星附近是否有行星（图2）。利用凌日法，不仅可以了解行星的大小，还可以掌握行星上是否存在大气，以及大气的成分等信息。

直接发现又小又暗的行星很困难

什么是多普勒法（图1）

当行星围绕恒星旋转时，恒星会受到行星重力的影响而摇晃。通过观测恒星摇晃引起的光的变化，可以推测出行星的存在。

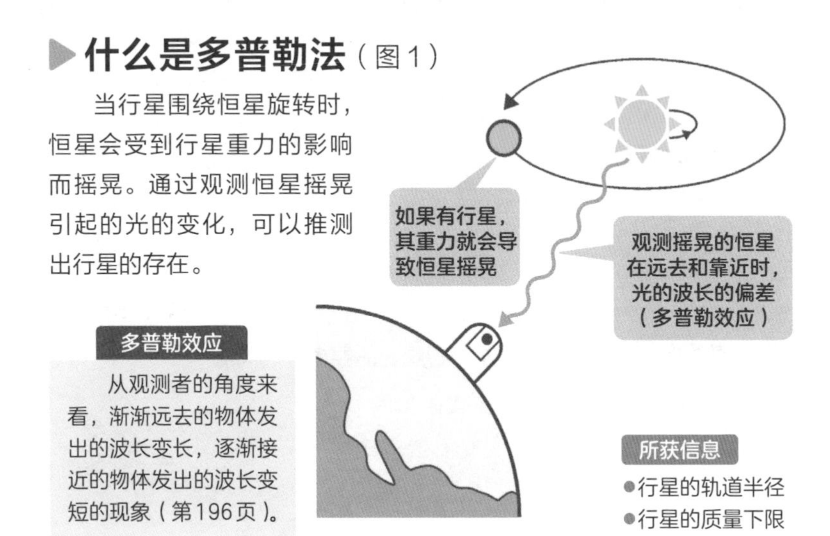

多普勒效应

从观测者的角度来看，渐渐远去的物体发出的波长变长，逐渐接近的物体发出的波长变短的现象（第196页）。

什么是凌日法（图2）

通过观测行星经过恒星时引起的光的变化来确定行星的存在。

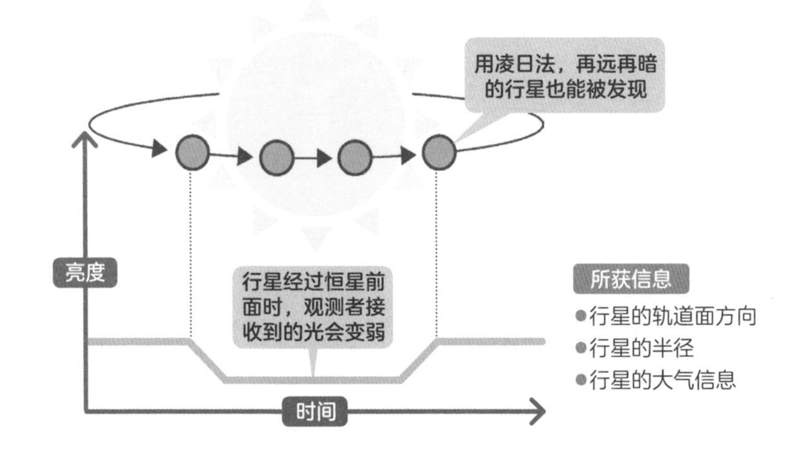

更多小知识
趣味宇宙
③

Q 去距离最近的系外行星需要多久才能到达？

单程一年不到	或	单程20年	或	单程5000年以上

近年来，系外行星（第46页）陆续被人们发现。报道称，在宜居带（第100页）中好像也有行星存在。这样一来，人类就会遐想：是否能到那里去呢？从太阳系到最近的系外行星，需要多长时间呢？

在系外行星中，离我们最近的一颗行星是**比邻星b**。它距离地球约4.2光年（约40万亿千米），环绕着距离太阳最近的恒星比邻星进行公转。

到目前为止，速度最快的宇宙飞船探测器是无人探测器——帕克太阳探测器，其**最高时速约为69万千米**，前往比邻星b单程需要约6600年。即使能造出这种速度的载人宇宙飞船，但人的寿命无法达到13000岁，人是无法返回的，所以发射载人宇宙飞船的可能性很小。那如果是无人探测器呢？实际上，有一项名为“**突破摄星**”的计划正准备将无人探测器发射到包含比邻星b的半人马座阿尔法星上。

用激光照射质量只有数克的微型宇宙飞船，据说可以使它的速度达到光速的20%，这样的话大约20年就能到达。如果采用这种方法，那么把无人探测器送到比邻星b上，同时接收探测器发回的照片等数据，只需要花25年的时间。

前往比邻星 b 的路径

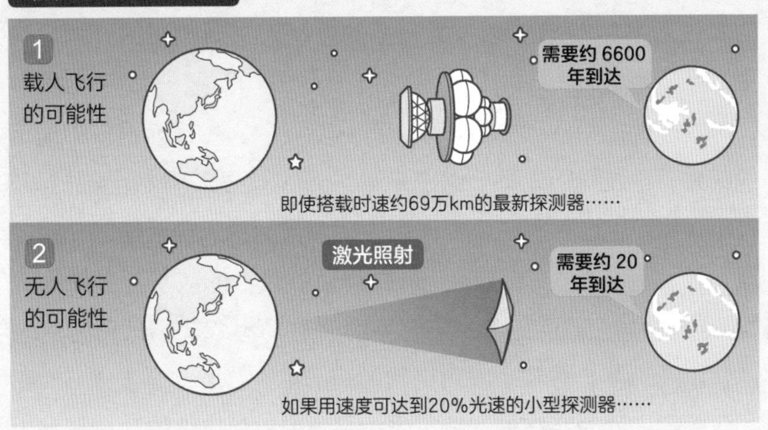

也就是说，按现状，载人前去的可能性是不具备的，但如果是无人飞船的话，按照现在的技术，“单程需要6000年以上”是正确答案。不过如果“突破摄星”计划能实现的话，“单程20年”是正确答案。

16 [星体] 外星人是否存在？能用科学方法计算出来吗？

有一种计算外星智慧生命存在可能性的“德雷克公式”！

宇宙神秘且浩瀚，总让人觉得在某个地方似乎存在着有智慧的外星人，但是这能科学地计算出来吗？

寻找外星智慧生命的科学试验计划被称为**SETI**（Search for Extra Terrestrial Intelligence）。第一个进行SETI的学者是美国的电波天文学家弗兰克·德雷克。德雷克想出了一个估算**银河系中能与地球人类通信的外星人文明数量的公式**，被称为**德雷克公式**。

方程式的每一项中应该填入什么数字，其中还有很多不确定的部分，不过我们先举个例子来看（下图上）。把这些数全部相乘，得出N=50。也就是说，银河系中**能够与地球人类通信的文明数量，预估有50个**（下图下）。算式各项中包含的数字，会根据计算者的思考角度而变化。文明持续的时间也取决于计算者的态度，乐观态度与悲观态度对结果影响非常大。

如果你认为宇宙中的智慧生命是善良的、谨慎的、舍己为人的，那么宇宙的和平繁荣就会长久地维持下去，能与人类通信的生命数量就会增加。

乐观估计，宇宙中存在的外星人会更多

用德雷克公式进行计算

预测银河系中可通信的地外文明数量的公式。

公式 $N = N_s \times f_p \times n_e \times f_l \times f_i \times f_c \times L$

公式中的各项及示例

N 银河系中可与地球人类进行通信的文明数量。

n_s 银河系中每年诞生的恒星数量，大约有10个。 $n_s=1$

f_p 上述恒星拥有行星的概率，这里假设是50%。 $f_p=0.5$

n_e 上述行星中位于宜居带中的行星数量，这里假设有2个。 $n_e=2$

f_l 上述行星上出现生物的概率，这里假设概率为100%。 $f_l=1$

f_i 上述生物进化成人类那样的智慧生命体的概率。概率较低，在此假设是 $\frac{1}{10000}$。 $f_i= 0.0001$

f_c 上述智慧生命体能发展到可以进行通信的文明的概率，在此假设为 $\frac{1}{10}$。 $f_c= 0.1$

L 上述文明能够持续的时间（年），这里假设是50万年。 $L=500000$

$$N=10\times0.5\times2\times1\times0.0001\times0.1\times500000 =50$$

根据上面的计算，得出N=50。也就是说，推测出有50个地外文明。

在银河系中，能够与人类通信的地外文明星体有50个左右?

17 [星体] 从太阳系外飞来的？神秘天体——奥陌陌

人类首次发现的太阳系外天体，经过了数百万年的长途旅行才过来！

2017年10月，**夏威夷的天文学家发现了一个奇怪的天体**。该天体全长约400米，呈雪茄形状（图1），以每秒26千米的超高速度从天琴座的方向接近太阳系。在加速到每秒87千米的速度后，绕着太阳转了个弯，之后朝着飞马座的方向飞去（图2）。人们对该天体的轨道和速度进行调查后发现，这不可能是太阳系内的天体。由此推断，该天体是人类首次发现**从太阳系外飞来的天体**，不过发现的时候它已经离开太阳系了。该天体被命名为“奥陌陌”，在夏威夷语中意为“来自远方的使者”。

人们认为，奥陌陌是在恒星与恒星之间空无一物的太空中，**经过至少数百万年的长途旅行才来到太阳系的**。一般认为，它跟其他恒星系（由恒星和行星组成的天体集团）中的小行星和彗星是类似的天体，**是被某种力量弹飞到了太阳系中**。

在这种情况下，有美国的天文学家发表观点称，奥陌陌有可能是外星人制造的探测器，这一言论引起了人们的关注。不过奥陌陌已经飞远了，我们再也观测不到了，因此对于这种说法也不能完全给予否定。

突然出现的谜之天体，难道是外星人的探测器？

奥陌陌的想象图（图 1）

既不会释放尘埃和气体，同时作为小行星能够加速也很反常。因此，究竟是彗星还是小行星众说纷纭。

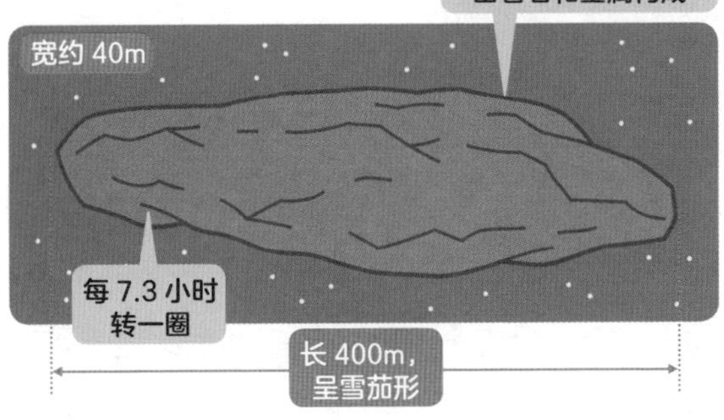

奥陌陌的轨道（图 2）

从天琴座方向被太阳吸引飞来，之后又飞向飞马座方向。天文学家预测，类似的星际天体经过太阳系的现象每年至少1次。

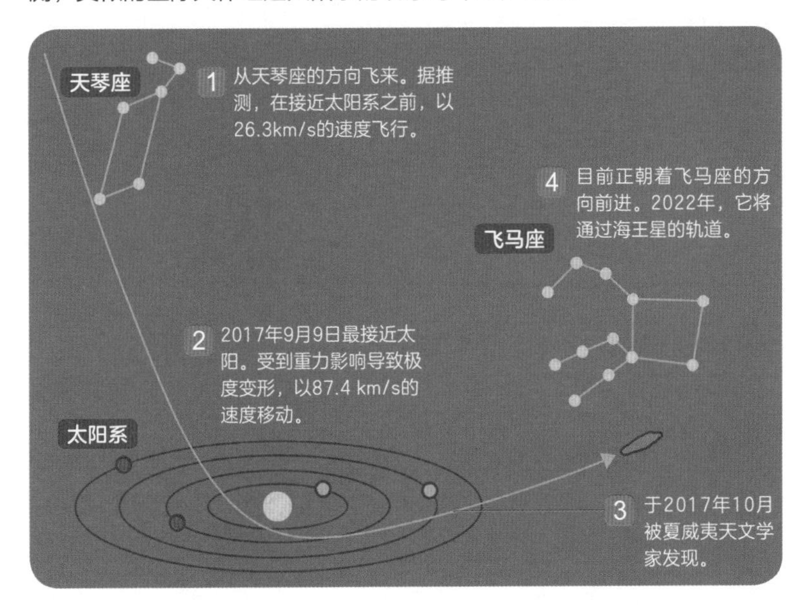

18 什么是星系？星系是如何诞生的？

［星系］

星系是由各星体聚集而成的大集团。星系诞生之前的过程仍是未解之谜！

一般认为，迄今为止发现的**最古老的星系诞生于135亿年前**。而宇宙诞生于138亿年前，因此星系是在宇宙诞生**3亿年后诞生**的。但是关于初期的星系是如何形成的，目前尚没有明确证据。和宇宙中的星体一样，星系的扩张方式也各不相同。另外，星系之间也因为万有引力而相互吸引，聚集在一起形成集团。根据集团的规模，较小的被称为**星系群**，较大的被称为**星系团**。

银河系附近有距离太阳系16万光年的大麦哲伦星系、20万光年的小麦哲伦星系、230万光年的仙女座星系等。这些包括银河系在内的50个左右的星系组成了一个名叫“**本星系群**”的集团。然后，星系群和星系团又组成更大的集团，叫作“超星系团”。本星系群是以室女座星系团为中心的直径约2亿光年的“**室女座超星系团**”的一部分。

通过对众多星系的位置进行调查，我们会发现，**宇宙的结构就像肥皂泡一样（宇宙大尺度结构）**。

星体和星系都属于某些集团

星系·星系群·星系团·超星系团

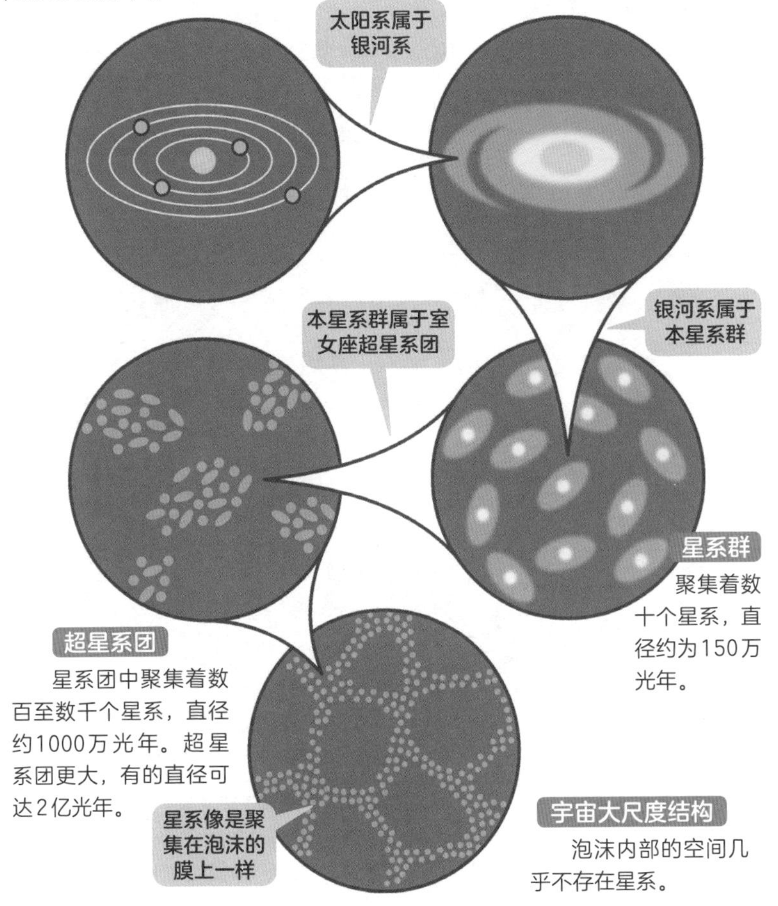

什么是银河系?

▶银河系的形状是什么样的？

银河系的大小和形状其实人们并不是很清楚。因为太阳系本身就位于银河系内，无法从外部观测银河系。但是近年来，人们不仅利用可见光测探，还通过捕捉红外线、电波和X射线等技术进行观测，让银河的构造变得逐渐清晰起来。

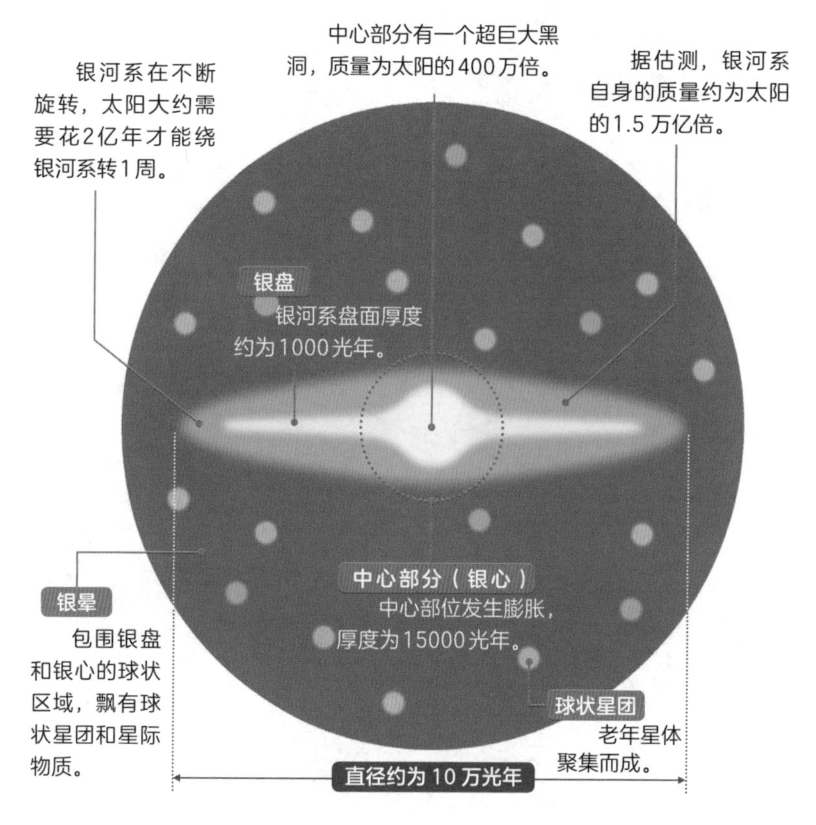

银河被划分为中心部呈棒状的“棒旋星系”类型，直径约为10万光年，银盘的厚度约为1000光年。

▶从正上方看银河系的想象图

从中心部向外侧延伸的星体聚集部分被称为“旋臂”，太阳系位于“猎户座旋臂”。太阳系距离银河系中心26000～35000光年。

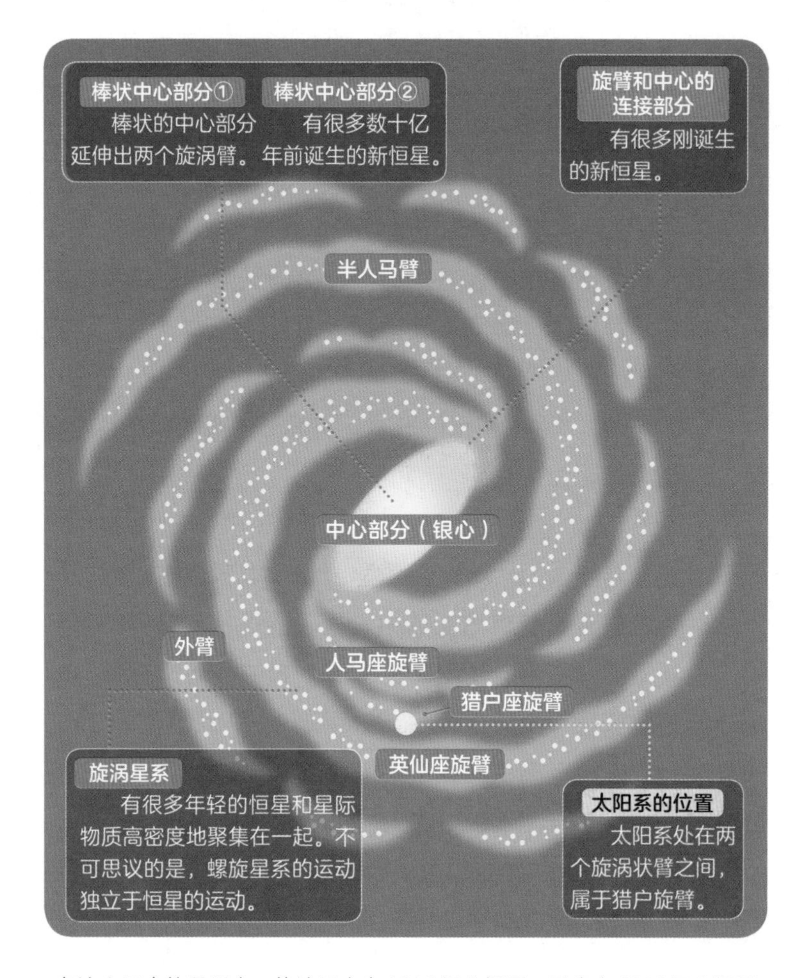

在这个巨大的星系中，估计至少有1000亿个恒星，最多有4000亿个恒星，它们围绕银河系的中心旋转。另外，一般认为在银河系的中心部分存有巨大的黑洞。

19 星系有哪些种类?

[星系]

星系主要可分为椭圆星系、旋涡星系、透镜状星系和不规则星系四个种类！

在观测技术尚不成熟的20世纪初之前，星系看起来像云一样模糊，一直无法与星云进行区别。美国天文学家**哈勃**首次明确了星系是恒星的大集团，是银河系以外的天体。之后随着观测技术的发展，人们才观测到了更多的星系。

哈勃根据观测到的星系的形状，将其分为**椭圆星系、旋涡星系、透镜状星系和不规则星系**四种类型。

椭圆星系呈圆形或橄榄球形状，当然椭圆的形状本身也是多种多样的。一般认为，这个星系里聚集了很多远古时代形成的恒星。**旋涡星系具有旋涡状结构，呈薄圆盘状**。与椭圆星系不同，旋涡星系里不断诞生出新的恒星。其中**恒星呈棒状聚集在中心部分的被特称为棒旋星系**。银河系就是棒旋星系，旁边的仙女座星系是没有棒状结构的螺旋星系。**透镜状星系外形类似凸透镜**，是一种气体和尘埃都较少的天体。

没有被分到上述类型的星系被称为不规则星系。在不规则星系中，可以看到很多星系之间碰撞、合并的形态及之后变形的星系。

星系的种类是根据形状划分的

按形状分类的星系种类

美国天文学家爱德文·哈勃将观测到的星系从形状上进行了分类。

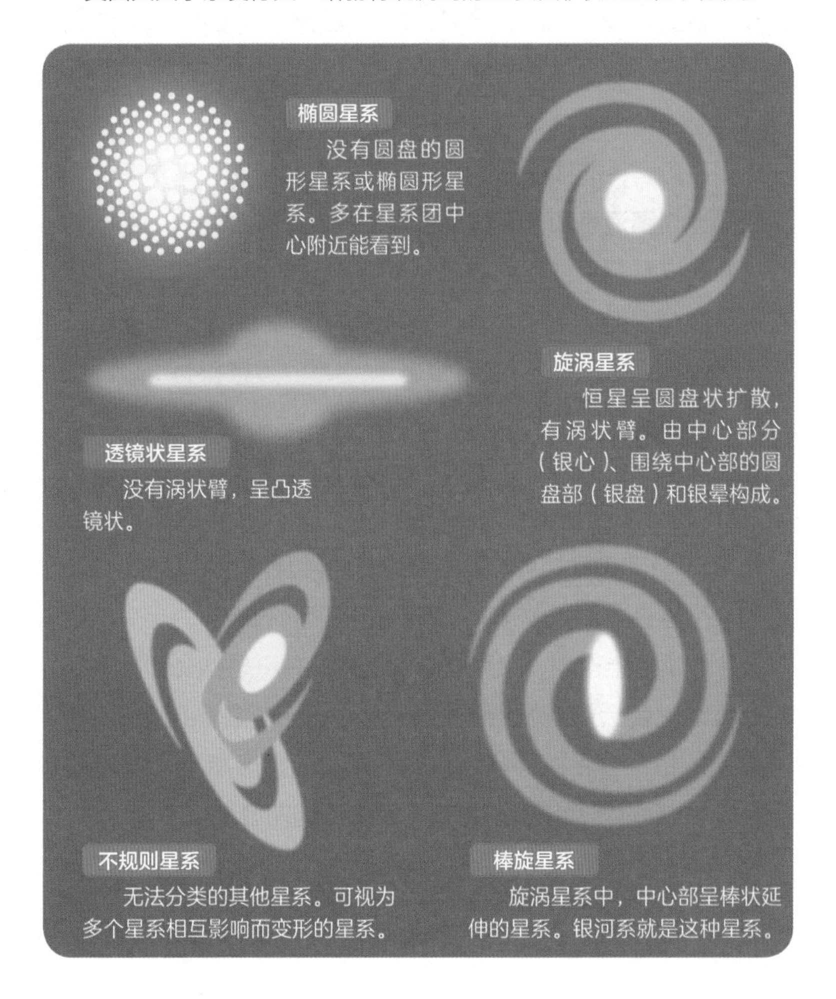

20 银河系的未来会怎么样？

[星系]

银河系和仙女座星系将在40亿年后发生碰撞，之后合并！

我们所居住的银河系今后会有怎样的命运呢？事实上，人们已经知道，**银河系和仙女座星系会发生碰撞并合并**。

仙女座星系距离我们有230光年，与银河系都是旋涡星系，都属于**本星系群**（第54页）。仙女座星系直径约为22万光年，约有1万亿个恒星聚集在一起。由于银河系的直径只有10万光年，所以仙女座星系比两个银河系还要大。

这两个星系通过万有引力相互吸引，相互靠近，然后大约在**40亿年后，两个星系将发生碰撞**。不过，星系中的恒星分布比较稀疏，所以恒星之间发生碰撞的可能性几乎为零。也就是说，我们不用担心太阳和地球会与各星体相撞而被破坏。

在广阔的宇宙中，星系之间相互碰撞并不是什么稀罕事。我们已经通过望远镜观测到2个甚至3个以上的星系碰撞的情形。碰撞后的星系会合并，成为新的星系。仙女座星系和银河系如果合并，**60亿年后将会形成一个巨大的椭圆星系**。

星系会碰撞，但恒星之间不会碰撞

仙女座星系和银河系的碰撞

预计这两个星系将在约40亿年后相撞，形成巨大的椭圆星系。

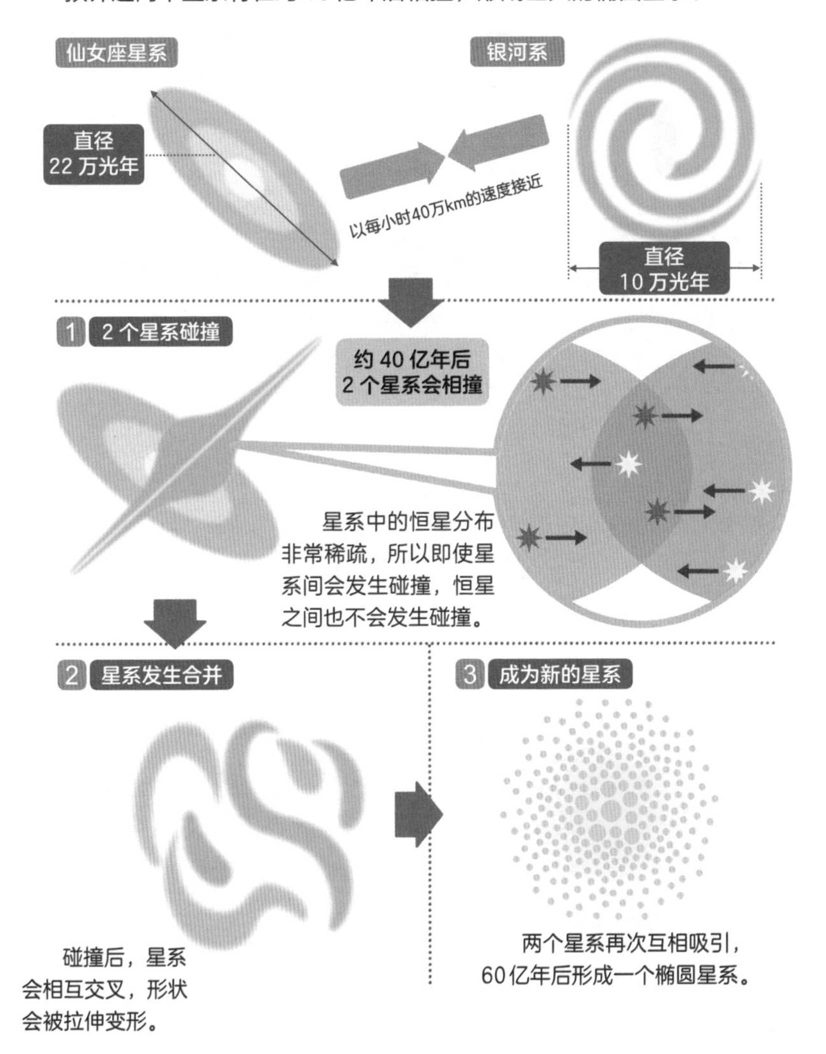

21 宇宙是如何诞生的？

［宇宙］

在无限接近零的一瞬间急剧膨胀，宇宙诞生了！

我们所处的这个宇宙，是在138亿年前从**既无物质也无能量、既无时间也无空间的“无”**中诞生的。

虽然我们并不清楚宇宙诞生那一瞬间的情况，但是有权威观点认为，在宇宙诞生后的大约10^{-36}秒到10^{-34}秒的短时间内，**连显微镜都看不见的微小宇宙发生了急剧膨胀**。

10^{-36}是一个分母为1之后加上36个0，分子为1的无限接近零的数值。同样，10^{-34}也是一个无限接近于零的数字，在这么短的时间内发生的急剧膨胀被称为**大膨胀**（图1）。在无限接近于零的时间里，微小的宇宙急剧膨胀到10^{26}倍，这绝对是一种无法想象的现象。

继大膨胀之后，使宇宙急速膨胀的能量又变为热能，发生了**大爆炸**（图2）。宇宙进一步膨胀，同时温度下降，在大爆炸几分钟后，构成物质基础的氢和氦的原子核形成了。

像这样解释宇宙起源的理论被称为**宇宙大爆炸论**。由于我们连宇宙大爆炸残余的电波都已观测到，因此几乎所有的科学家都认同这个理论。

超高温的宇宙逐渐冷却

大膨胀是什么？（图 1） 小宇宙在极短的时间内加速膨胀。

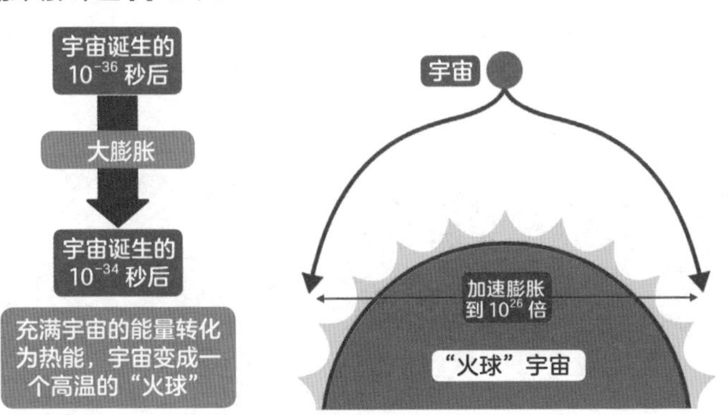

大爆炸是什么？（图 2）

超高温度的“火球”宇宙，一面爆炸性膨胀一面逐渐冷却。

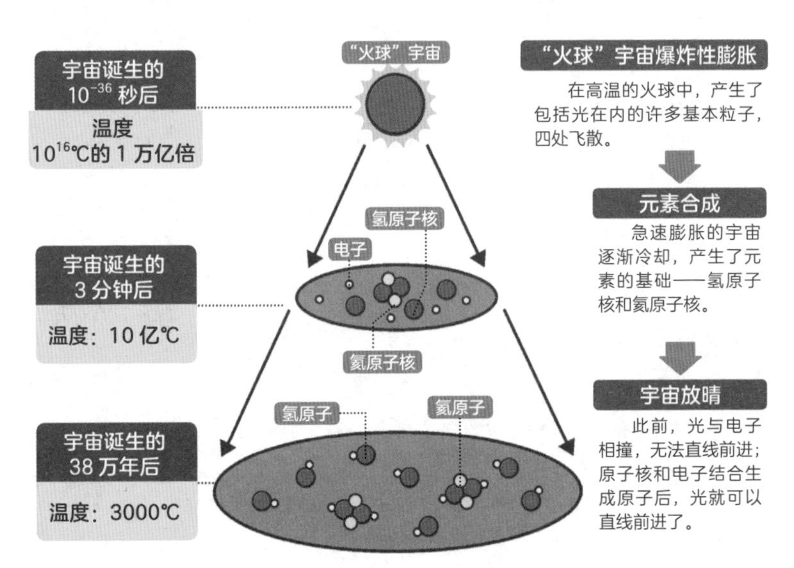

观测宇宙的诞生到未来

▶宇宙的过去、现在和未来

大约在138亿年前，宇宙从一个一无所有的“无”中诞生，之后立刻发生了被叫作“大膨胀”的急剧膨胀，继而又发生了大爆炸，才形成了现在的宇宙。

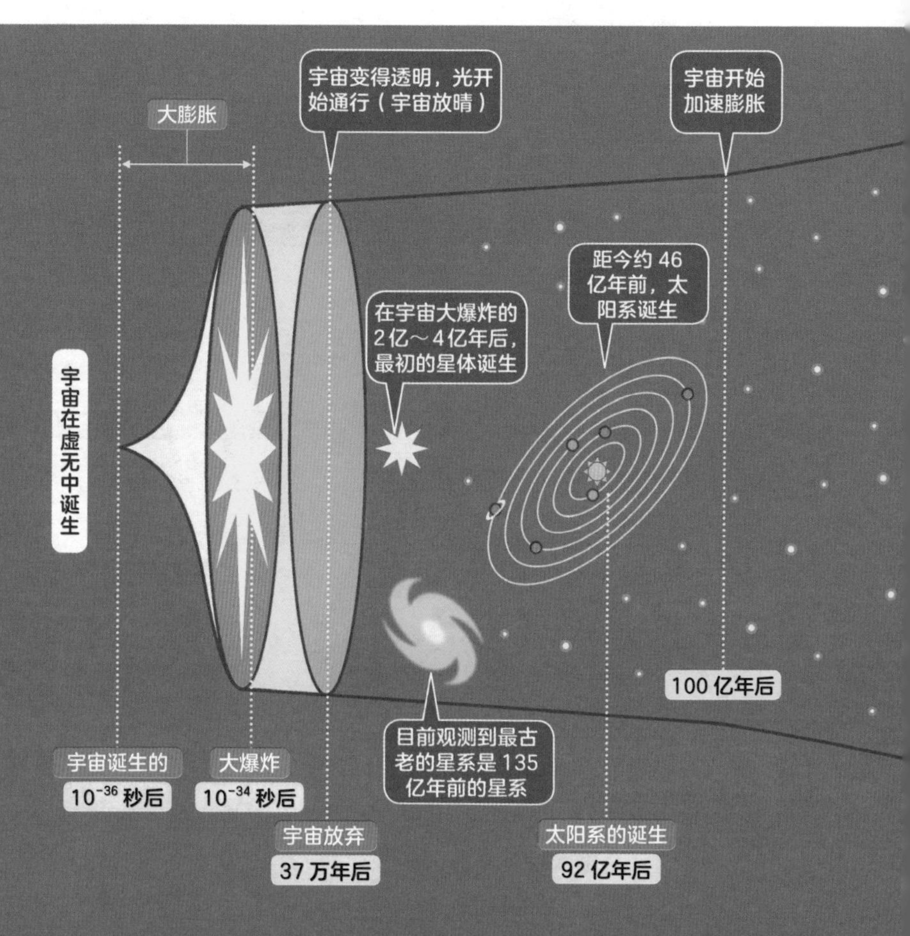

从太阳系的诞生到宇宙的末日

太阳和围绕它运转的地球等行星，产生于大约46亿年前。太阳在经过今后50亿年左右的持续发光后，外层的气体将逐渐脱离，中心的核心会变成白矮星—— 一颗又小又暗的恒星。关于宇宙的末日有三种说法，但确切情况没有人能知道。

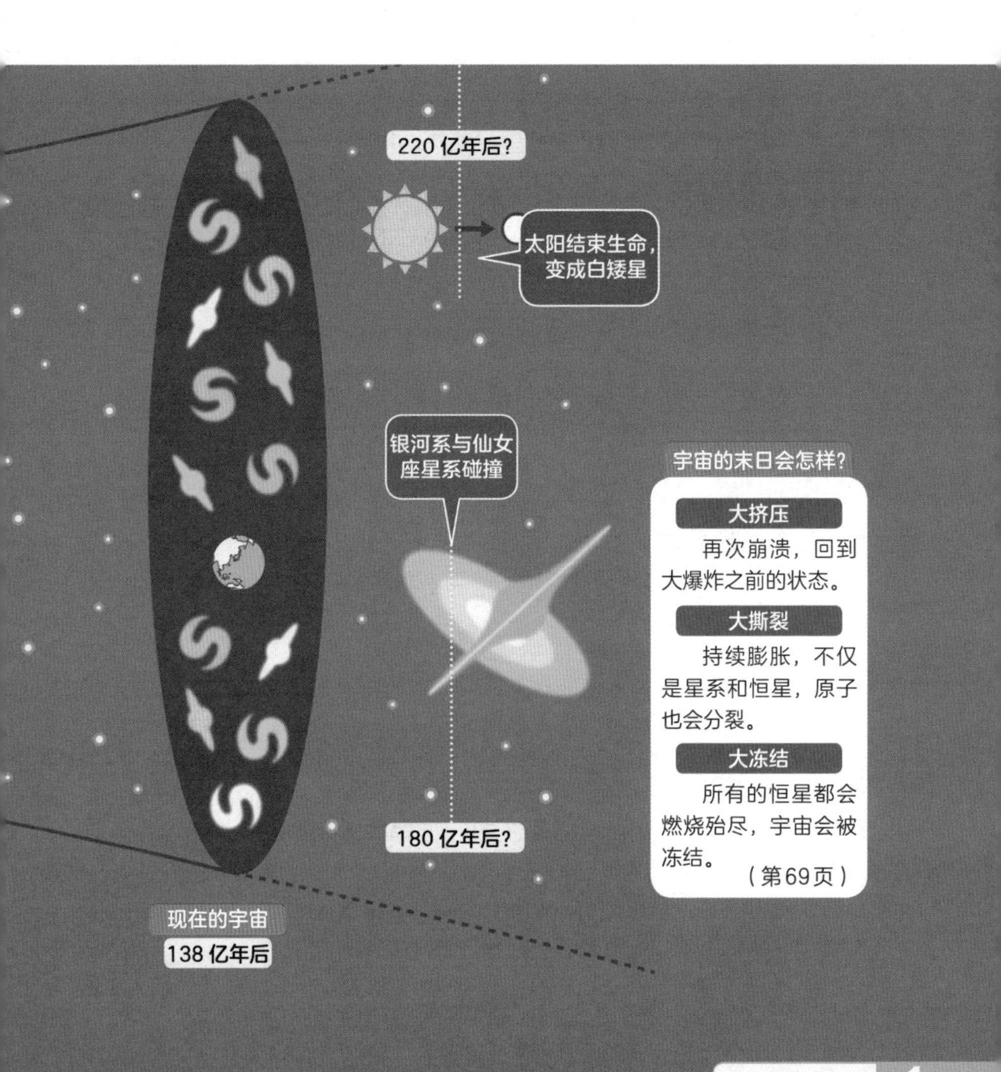

22 ［宇宙］ 最初的恒星是何时出现的？又是如何形成的？

在宇宙诞生2亿～4亿年后形成。物质被暗物质所吸引！

宇宙诞生之后，最初的恒星又是如何形成的呢？

物质从宇宙中诞生是在大爆炸之后几分钟的事儿。氢和氦的原子核产生，此外还存在着一种来历不明的物质——**暗物质**（图1）。

这些物质并不是均匀分布的，有些区域浓度大，有些区域浓度小。**浓度大的区域由于重力较强，会吸引周围的物质，因此变得越来越浓**。氢和氦在暗物质的吸引下聚集在一起，不久温度和压力都升高。然后在**宇宙诞生的2亿～4亿年之后，最初的恒星在宇宙中诞生了**。

此时，多颗恒星相继在各处诞生。像这样诞生的最初的恒星叫作**第一代恒星**（图2）。这些恒星的质量是太阳的数百万倍，通过内部的核聚变反应（第81页）生成了各种各样的元素，在生命的最后，发生**超新星爆炸**（第40页），将元素弥散到宇宙中。各元素形成的**星际云**（第36页）聚集在一起，形成第二代恒星，进而又形成第三代恒星。太阳和夜空中的恒星大多是第三代恒星。

来历不明的暗物质的起源

什么是暗物质（图1）

普通物质会与光、红外线和电波等发生反应，从而可以确认这些物质的存在。但是暗物质不会和它们发生反应，而是直接穿过，所以无法直接观测到暗物质存在。

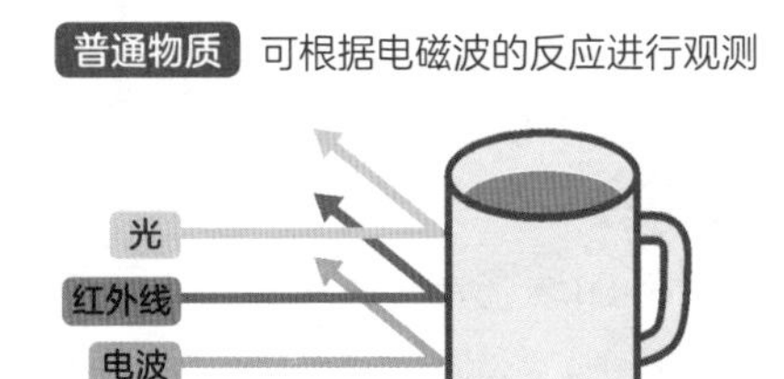

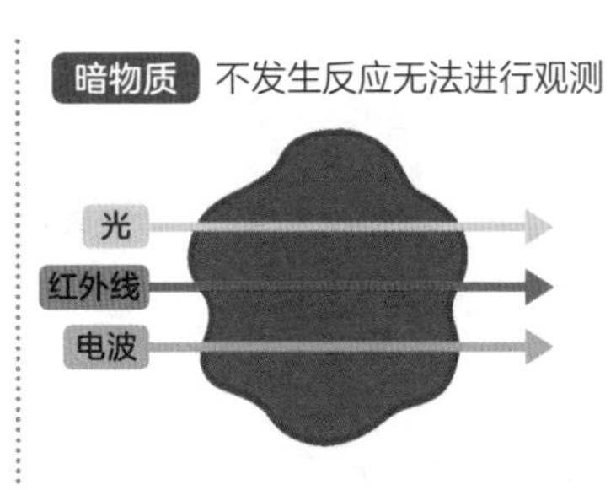

第一代恒星的诞生（图2）

氢和氦聚集在一起，在发生大爆炸的2亿～4亿年之后，最初的恒星诞生了。

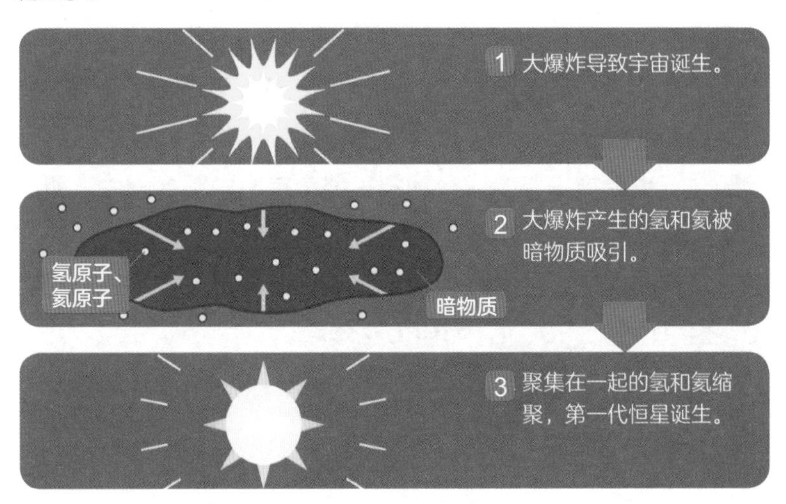

23 ［宇宙］ 宇宙的末日究竟会是什么样子？

“大挤压”、“大撕裂”和“大冻结”三种观点！

如果照此发展下去，宇宙的末日究竟会怎样呢？虽然没有一个确切的答案，但目前**主要有三种观点**。

首先是虽然宇宙在暗能量作用下加速膨胀（第194页），可是到了某个时间点后，宇宙就会停止膨胀，在重力的作用下开始收缩，之后**所有的物质都会坍缩，恢复到大爆炸之前的状态**。这就是“**大挤压论**”。

其次是“**大撕裂**”说。暗能量不仅不会衰退，反而会继续增加，在未来的某个时间点将宇宙变得无限大。其结果不仅是星系、恒星、行星等天体，就**连构成物质的原子也会被撕裂**。

最后是“**大冻结**”说。使恒星运转的核聚变反应结束后，周围就会变冷而冻结起来。地球在太阳燃烧殆尽后，失去了热量和阳光，也会被冻结。这个现象在整个宇宙中都会发生，所以即使宇宙继续膨胀，**最终宇宙也会在冻结中迎来终结**。

只不过，不管将来的宇宙会变成什么样，这些猜想要想实现，最早也要在**500亿～1000亿年后**。

三种关于宇宙末日的观点

宇宙的末日会怎样？

大挤压

宇宙在某个时间点停止膨胀，在重力的作用下开始收缩，最终坍缩，恢复到大爆炸前的状态。

大冻结

使恒星运转的核聚变反应全部结束，最终整个宇宙都被冻结。

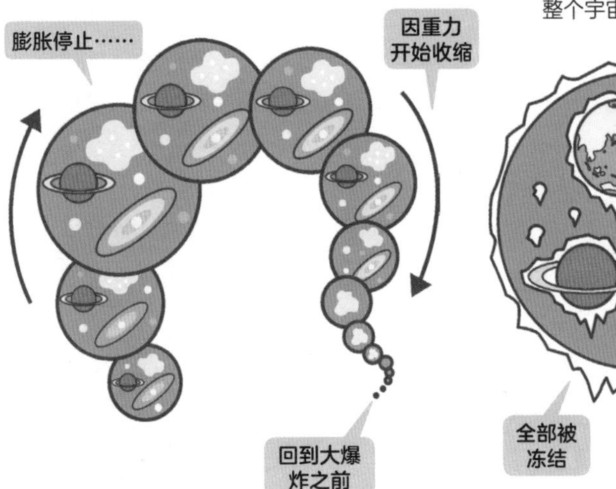

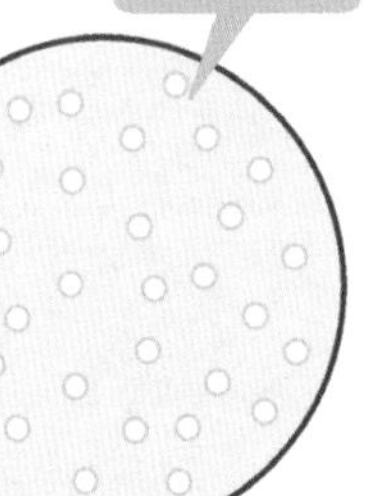

大撕裂

持续膨胀，不仅星系、恒星和行星，连原子也会被撕裂。

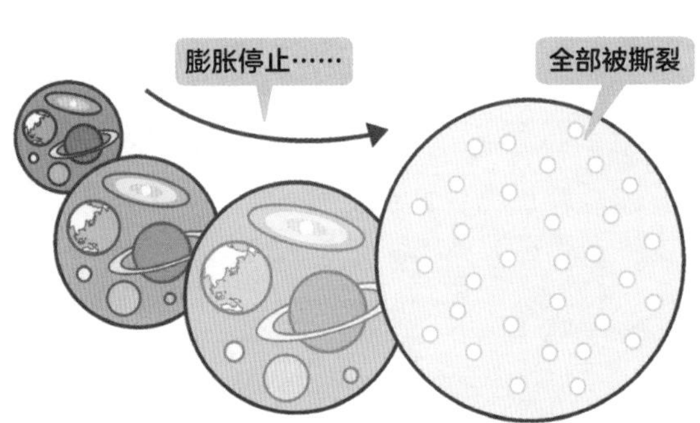

做过行政长官的多面天文学家

尼古拉·哥白尼

（1473—1543）

从公元前开始，地球是宇宙的中心、其他天体都在围绕地球运转的“地心说”就已经成为主流观点。波兰天文学家哥白尼对这种宇宙观产生了疑问，他提出了以太阳为中心、地球和行星都围绕太阳运转的“日心说”。

哥白尼在三所大学学习神学、医学、天文学等，后来成为神职人员和医生。在弗隆堡这个城市，除了教会的工作之外，他还做着财政监管、反侵略战斗指挥等行政长官的工作，此外，他还在夜间登上教堂的塔，进行天体观测。

哥白尼在观测天体时发现了用地心说无法解释的行星运动，于是总结出了“日心说”的构想，但是没有公开发表。随着哥白尼的“日心说”在人们的口口相传中获得称赞，在周围人的强烈建议下，他最终决定公开发表。1543年（当时他70岁），哥白尼出版了刊登“日心说”论文的《天体运行论》一书。也有人说哥白尼就是手拿着这本书去世的。

哥白尼彻底改变了人们坚信了近2000年的价值观。德国哲学家康德将这种让价值观发生180度大转弯的现象命名为“哥白尼式的革命”。

第2章

关于太阳系的种种疑问

我们居住的地球是太阳系中的一颗行星。
除此之外，太阳系中还有哪些行星呢?
太阳的神奇、月球的诞生、流星的本质……
让我们来了解一下太阳系各大星星的奥秘吧!

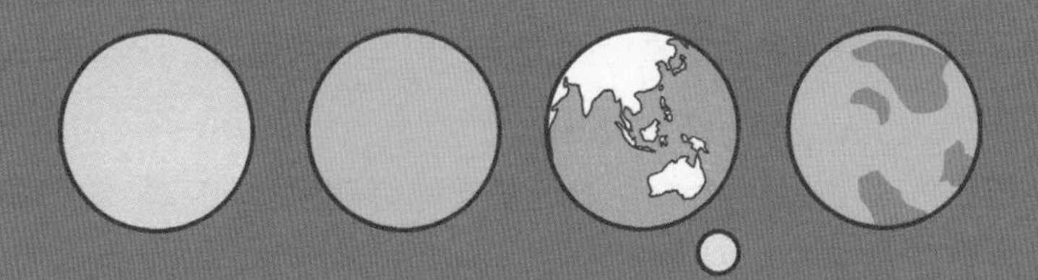

24 太阳系究竟是什么？

［太阳系］

以太阳为中心的天体系统，由行星、矮行星、彗星和卫星等天体系统构成。

我们生活的地球位于宇宙中的**太阳系**里。那么，这个太阳系究竟是何物？又是怎样构成的呢？

太阳系是指太阳和围绕太阳旋转的天体系统，囊括了这个空间内所有的东西，主要包括行星、卫星、小行星带、彗星和太阳系外缘天体等（下图）。

包括地球在内，太阳系内共有8颗行星（第74页），另外还有尚未达到行星标准的**矮行星**。矮行星目前包括冥王星在内主要有5颗，这些矮行星又被叫作太阳系外缘天体（第140页）。另外还有比矮行星更小、直径（或长轴）不到10千米的**小行星**，数量有数百万之多（第132页）。

沿细长的椭圆轨道运行，每隔数年甚至数千年才返回近日点一次的彗星，事实上也属于太阳系。

另外还有**卫星**，卫星就是围绕行星运转的星体，比如月球就是地球的卫星。目前太阳系内已确认的卫星有200多颗。此外，宇宙空间里的星际尘埃、太阳发出的等离子体和高能粒子等，也包含在太阳系中。

太阳系空间里的所有物质都属于太阳系

▶太阳系由什么构成？

以太阳为中心，由行星、卫星、矮行星、小行星和彗星等构成。

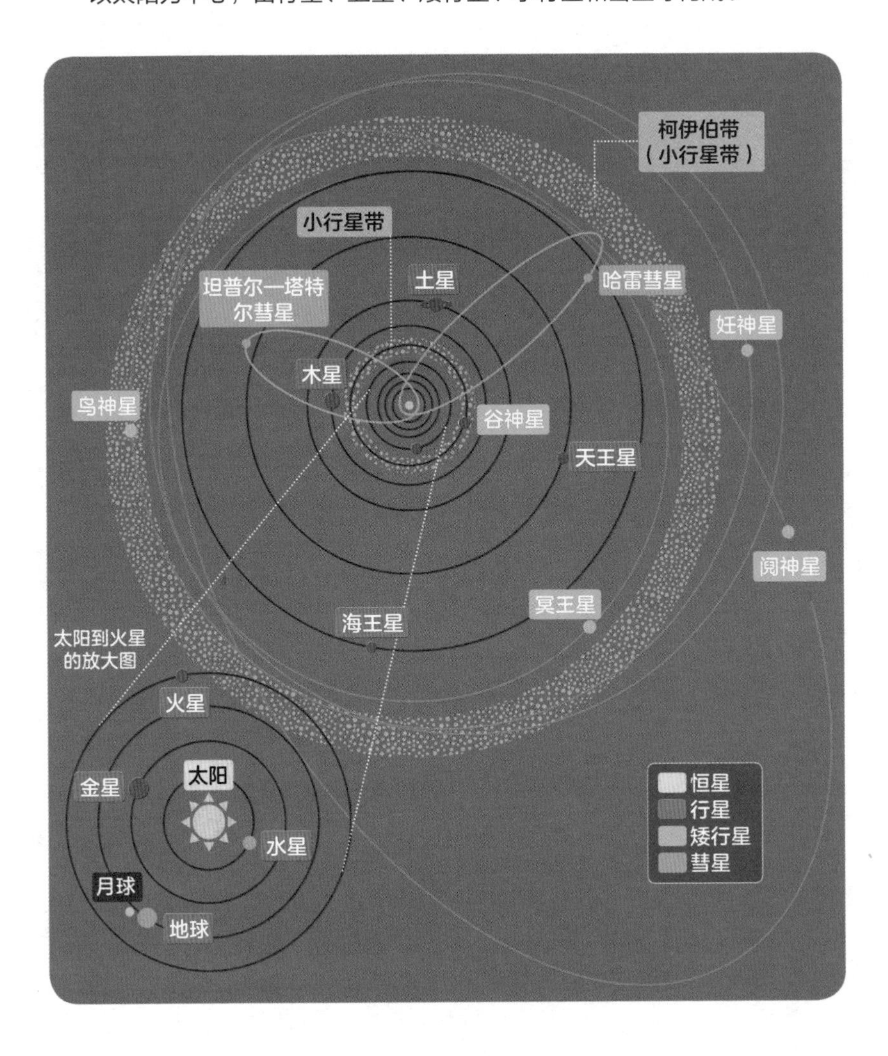

太阳系行星的大小和距离

太阳与行星的大小比较

将各行星等比例缩小，从太阳依次排列，如下图所示。卫星只展示了体积较大的卫星。太阳的质量约占太阳系总质量的99.8%以上。

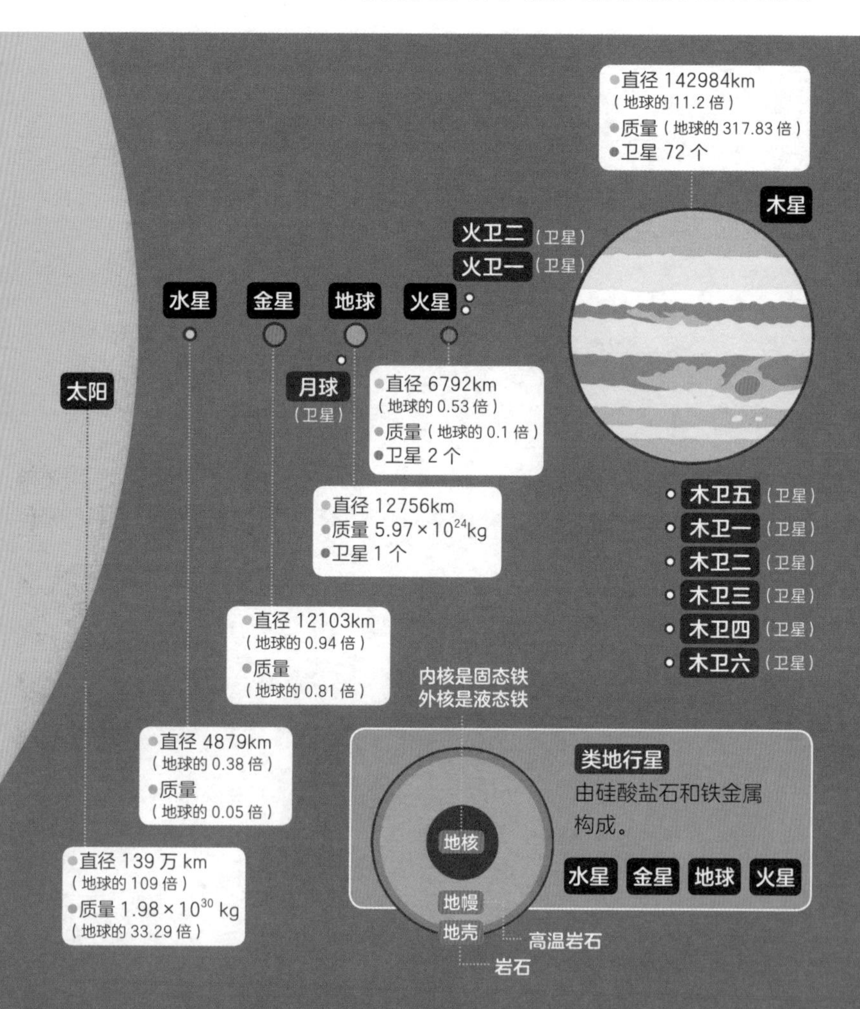

行星的距离比较

从水星到火星的四颗行星离太阳比较近，其他行星离太阳越来越远。右图为太阳到各行星的距离示意图。

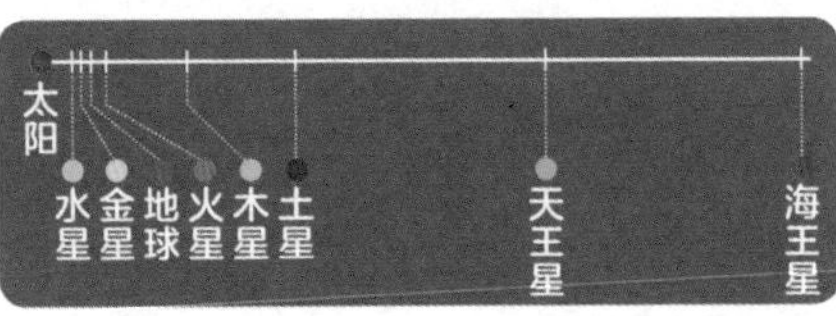

- 水星：5790 万 km
- 金星：1.82 亿 km
- 地球：1.496 亿 km
- 火星：2.279 亿 km
- 木星：7.783 亿 km
- 土星：14.294 亿 km
- 天王星：28.75 亿 km
- 海王星：45.44 亿 km

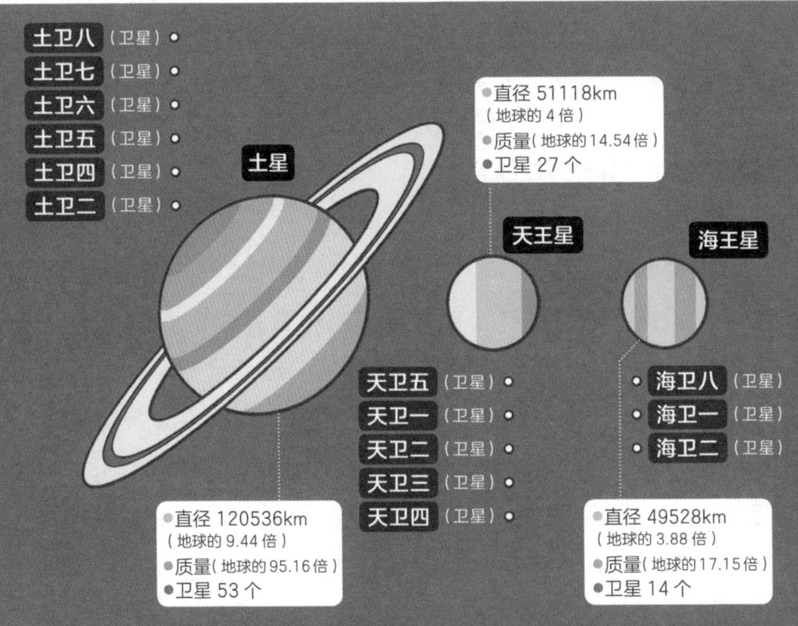

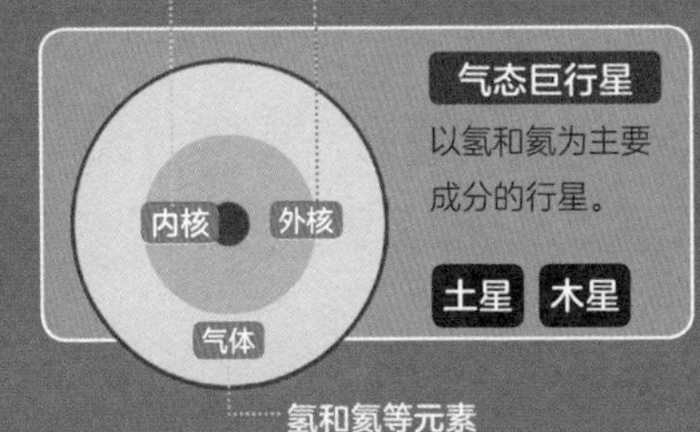

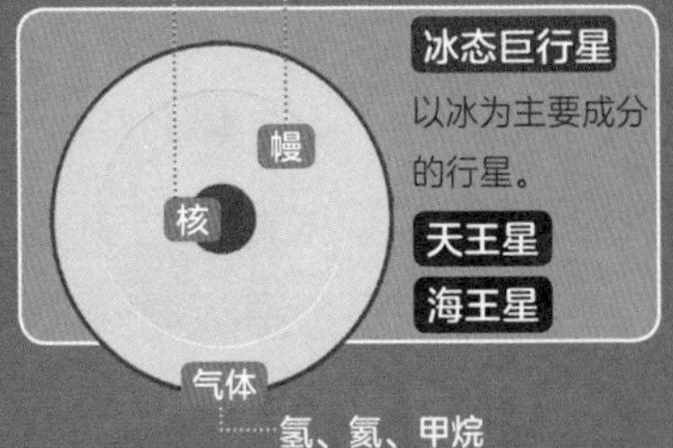

25 [太阳系] 太阳是什么时候、如何诞生的？

大约在46亿年前，太空中的氢分子聚集，发生了核聚变反应，诞生了太阳！

一般认为，**太阳大约诞生于46亿年前**。那么，大家熟悉的太阳究竟是如何诞生的呢？

宇宙中星系与恒星之间存有星际物质，其中大部分是星际气体，主要元素为氢和氦。如果构成星际气体的粒子相互吸引，就能形成高密度区域，那部分的重力就会变大。这样一来，星际气体就会进一步聚集，形成一种名为“星际分子云”的星云。

星际分子云中会形成密度更高的部分，有的密度可高达100倍以上，这些部分被称为**分子云核**。分子云核旋转的同时，将周围的气体和尘埃吸入，并凭借自身的重力收缩。如此一来，它的密度就会进一步提高，吸收周围的物质，并最终在中心部位形成一个高温团，被称为**原恒星**，**即恒星诞生时的状态**（下图）。

太阳的原恒星状态被称为**原始太阳**。原始太阳发生核聚变反应（第81页），从而发光发热。太阳与太阳系行星的显著不同之处就是质量，仅太阳本身就占了**太阳系总质量的99.86%**。没有变成太阳的多余星际物质，就形成了地球等行星。

太阳的质量约占整个太阳系的 99%

▶星际分子浓缩形成太阳

星际分子云密度进一步升高，变成分子云核，原始太阳就诞生于分子云核。

1 星际分子云

距离宇宙诞生92亿年（距今约46亿年前）

由氢和氦构成的星际气体相互吸引，形成星际云。

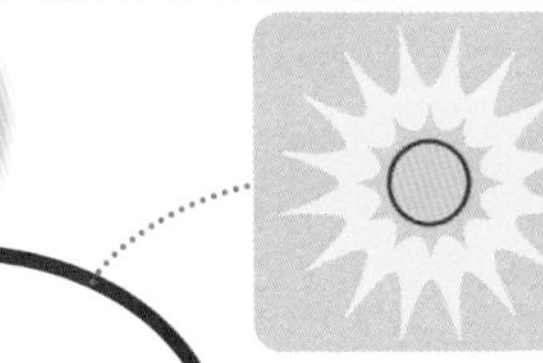

超新星爆炸产生的冲击波，有可能使星际云的密度遭到压缩，从而使分子云产生分子云核。

2 原始太阳的诞生

距1（星际分子云诞生）数百万年后

分子云核边旋转边收缩，形成原始太阳。

4 太阳成为恒星

原始行星圆盘消失，太阳稳定下来并发生核聚变反应，变成现在的样子。

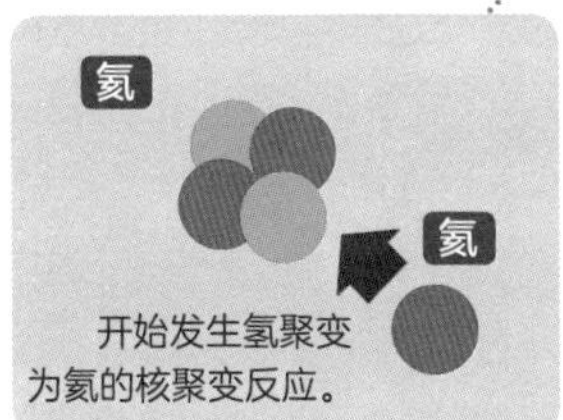

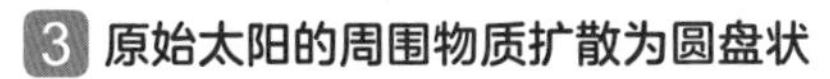

3 原始太阳的周围物质扩散为圆盘状

99.86%的星际物质被原始太阳吸收，其余部分扩散为圆盘状。

26 太阳系的行星是怎样诞生的？

[太阳系]

太阳的分子云核的剩余部分不断旋转、碰撞和融合，形成团块！

太阳系的行星是如何诞生的呢？它的形成与原始太阳的诞生（第76页）密切相关。

原始太阳是由分子云核的气体和尘埃聚集而成的。分子云核总质量的99.86%形成原始太阳，剩余的0.14%在太阳周围形成圆盘，这个圆盘叫作**原始行星圆盘**。

形成原始行星圆盘的气体和尘埃围绕原始太阳旋转的同时，相互靠近的气体尘埃之间因为重力相互吸引，逐渐形成一种被称为微行星的团块，并逐渐变大。这些格外大的团块最终成为太阳系中的行星（下图）。

即**太阳系的行星是太阳诞生时的副产物**。

靠近太阳的水星、金星、地球和火星四颗行星是由尘埃凝聚而成的，被称为**岩石行星**；外侧的木星和土星的组成成分主要是氢和氦，被称为**气态巨行星**；更遥远的天王星、海王星以氢、氦和甲烷为主要组成成分，被称为**冰态巨行星**。

太阳系的行星是从旋转的圆盘中诞生的

▶从原始行星圆盘到行星

形成原始行星圆盘的物质通过剧烈碰撞而熔化合体，逐渐形成巨大的团块。

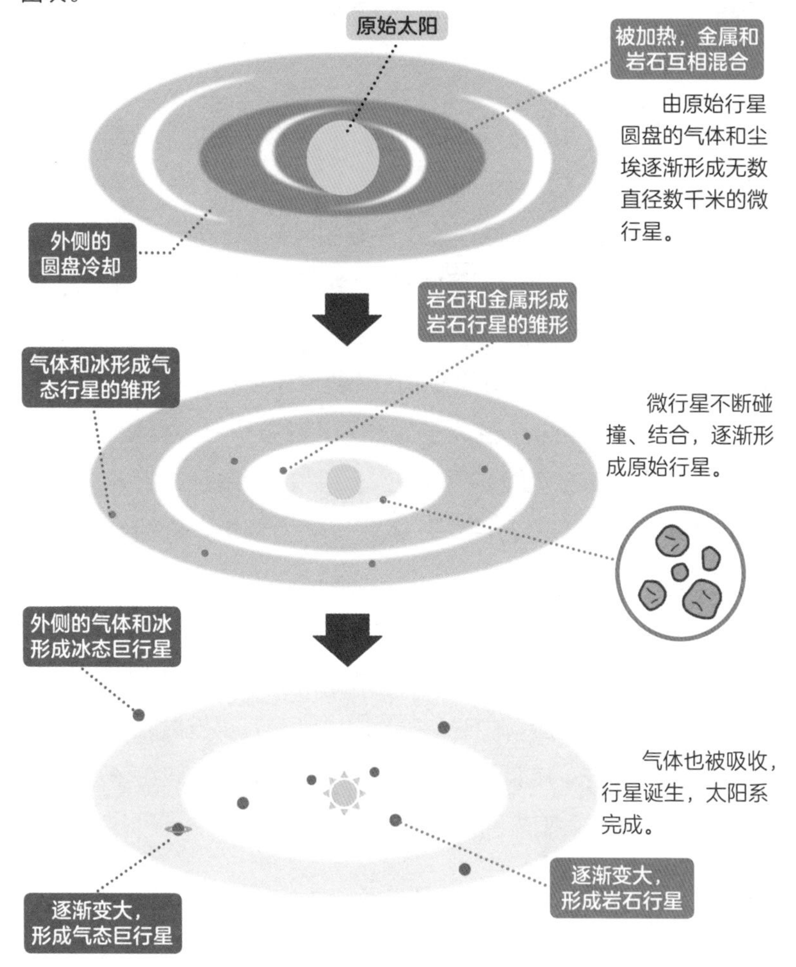

27 为什么太阳能持续燃烧？

［太阳］

因为太阳内部不断发生着氢聚变为氦的核聚变反应！

为什么太阳可以持续燃烧？这是因为在太阳内部不断地发生**核聚变反应**。

刚刚形成的恒星（原恒星）主要由氢构成。当它的内部达到高温、高密度的状态时，**氢原子**就会被转化为**氦原子**（图1）。这就是太阳核聚变反应的真相。

粗略地说，在4个氢原子和1个氦原子中，氦原子的质量更小。这样的话，当4个氢原子变成1个氦原子时，质量会变轻，而这个变轻的部分就变成了能量，这种能量是巨大的。太阳的质量每秒会减少420万吨，并将其转化为能量，这相当于燃烧10^{16}吨石油时获得的能量。

准确地说，太阳并不是在燃烧。因为它是以热和光的形式在释放出巨大的能量，所以只是看起来像是在燃烧。太阳的中心核会发生核聚变反应，中心温度约为1500万摄氏度。反应产生的能量会变成光，传向太阳外侧，但由于是和其他粒子碰撞前进的，所以到达太阳表面需要将近100万年（图2）。

太阳核心产生的光和热被传输到外侧

▶在太阳内部发生的核聚变反应（图1）

太阳的核聚变反应从步骤1到步骤3持续发生。

1 2个氢原子（质子）相互碰撞，形成中子和带一个质子的氘。

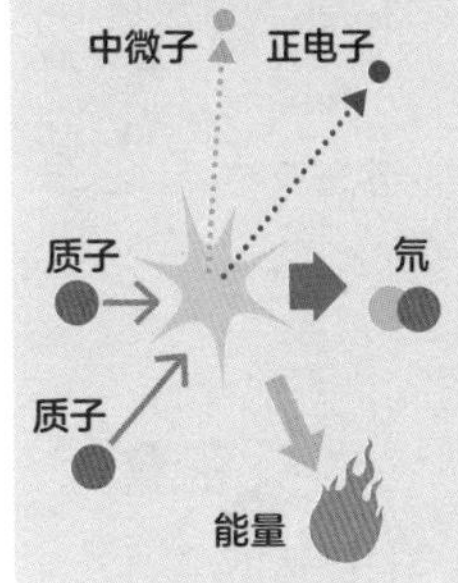

2 1个氢原子（质子）碰撞步骤1中的氘，生成带2个质子和1个中子的氦-3。

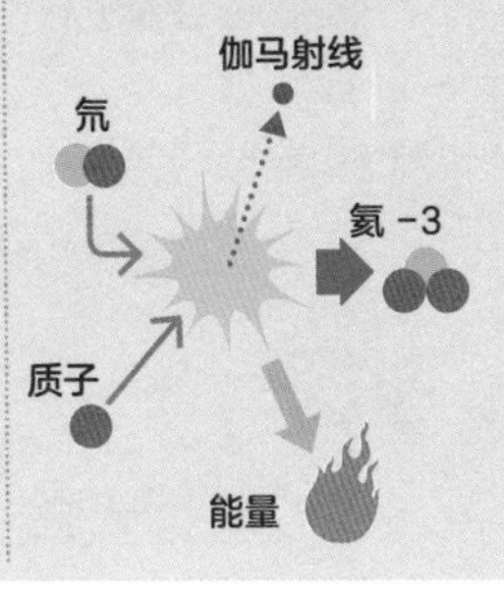

3 步骤2中生成的氦-3相互碰撞，生成带2个质子和2个中子的氦-4。

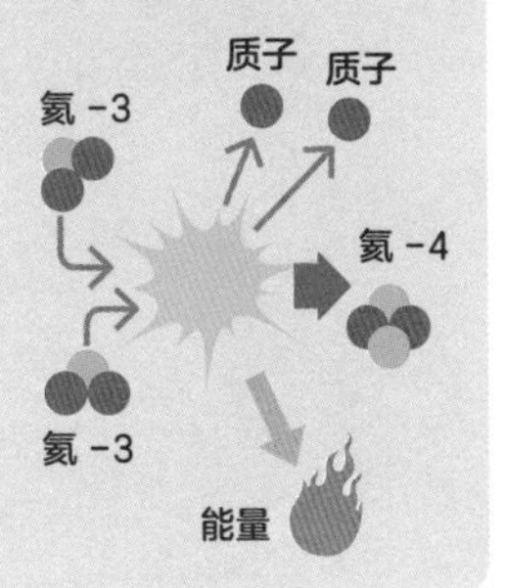

▶太阳的结构（图2） 太阳通过氢的核聚变产生能量并发光。

辐射层

能量变成光从太阳核心出来。

表面对流层

高温气体向外界输送能量。从太阳核心释放能量需要近100万年的时间。

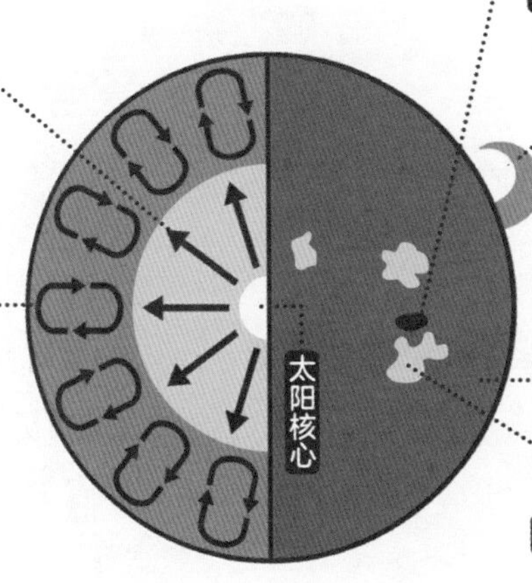

太阳黑子（第84页）

太阳表面出现的奇特图案。

日珥

又名“红焰”的巨大拱形火焰。

日冕（第84页）

超过100万℃的太阳高层大气层。

光球·色球（第84页）

发光的太阳表面与低层大气层。

太阳耀斑（第86页）

太阳表面发生的大爆炸。

太阳的温度升到多高会导致人类灭亡？

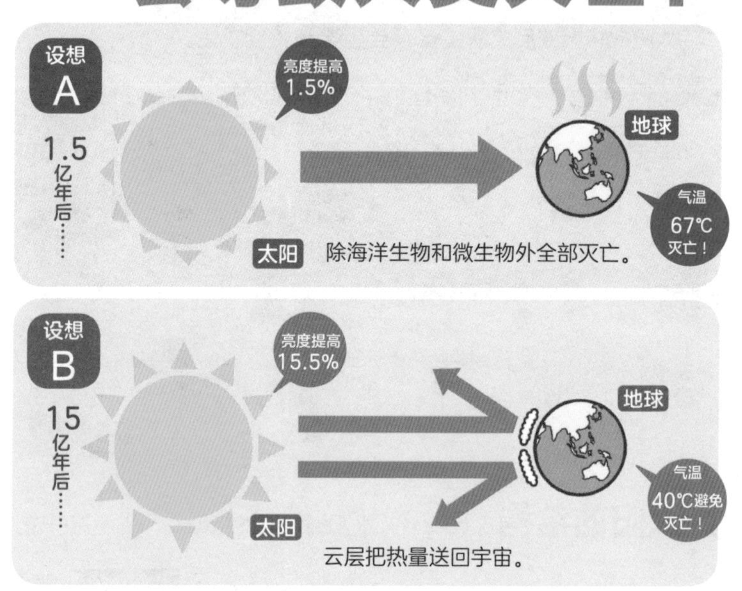

据说地球的**平均温度约为15℃**，这一温度来源于太阳的热量。虽然有时也会出现极热的情况，不过仍然是适合人类生活的温度。那么，太阳多热才会导致人类灭亡呢？

与46亿年前太阳刚诞生时相比，现在的太阳亮度已经高了30%左右，**预计未来每过一亿年亮度会增加1%**。太阳越亮，地球温度就越高。气温不断上升，最终会导致液态水蒸发，地球就会变成大气层里充满水蒸气的失控温室效应（第101页）。

一方面，据研究，**如果1.5亿年后太阳亮度增加1.5%，地球的表面温度将达到67℃**，地球就会变成只有海洋生物和微生物才能生存的状态（湿润温室效应）（上图A）。在6亿～7亿年后，太阳亮度会增加6%，地球将陷入失控温室状态，生物会灭亡。

也有研究表明，人类可以生存得稍微长久一些。即使15亿年后太阳亮度增加15.5%，**地球也会利用云层把热量送回宇宙，使地面的平均气温维持在40℃**。因此湿润温室状态会比前项研究推迟10倍（15亿年），进入危险温室状态的时间也被推迟了3倍（18亿～21亿年）（上图B）。

另一方面，科学家们也在进行通过改变气候来实现地球降温的研究。在大气中制造微粒子充当“遮阳伞”，以此来反射太阳光。其中“太阳辐射控制”（下图）就是一个范例。

但是考虑到预期之外的气候变化难以预测，同时这项工程会对生态系统产生恶劣影响，而且一旦实行就很难停止，所以众人对这项研究褒贬不一。

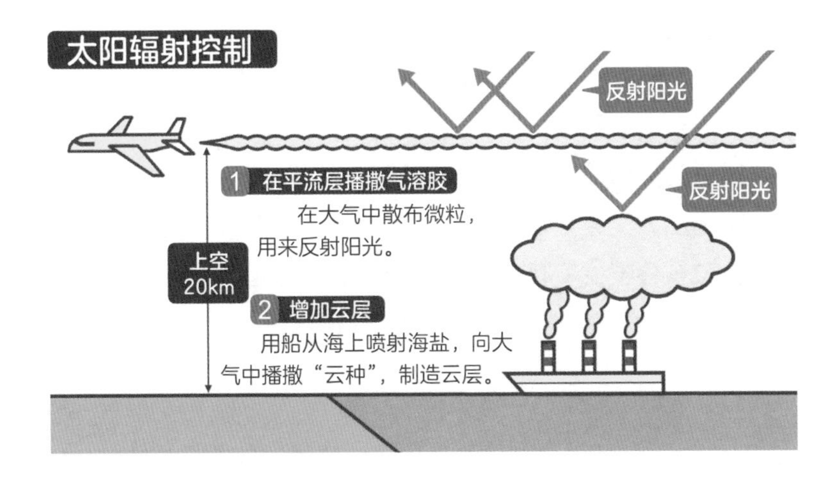

28 日冕？太阳黑子？太阳表面的结构

［太阳］

太阳表面包裹着超高温的大气和日冕。黑子为温度低的区域，以 11 年为周期增减！

太阳表面是怎样的结构呢?

太阳是一颗高温、发光的气态球。太阳的表面叫作**光球**，温度约6000摄氏度。光球外层包裹着一层稀薄的大气层，叫作**色球**，这里的温度约为1万摄氏度。最外层是**日冕**，厚度达到几百万千米以上。日冕几乎接近真空，温度却达到了100万～200万摄氏度的超高温，物质处于等离子体状态（图1）。

如上所述，离太阳表面越远温度就越高，不过其中原因尚不清楚。此外，离子体以超高速飞向太空，这叫**太阳风**（第86页）。

观察太阳时，我们会发现光球上有多个黑色的斑点。这些区域比周围温度更低，被称为**太阳黑子**（图2）。不过就算是温度低，也达到了4000摄氏度。

黑子的数量按11年的周期增减。有趣的是，黑子在高纬度区域出现后，又逐步出现在低纬度区域，之后又在高纬度区域出现，位置会发生变化。人们认为，这或许是太阳高低纬度的自转速度差异大，导致磁力线发生扭曲的缘故。

上空是等离子体，表面有磁力线逸出

▶太阳表面和日冕的结构（图1）

越是高空温度越高，最外层的日冕为超高温。

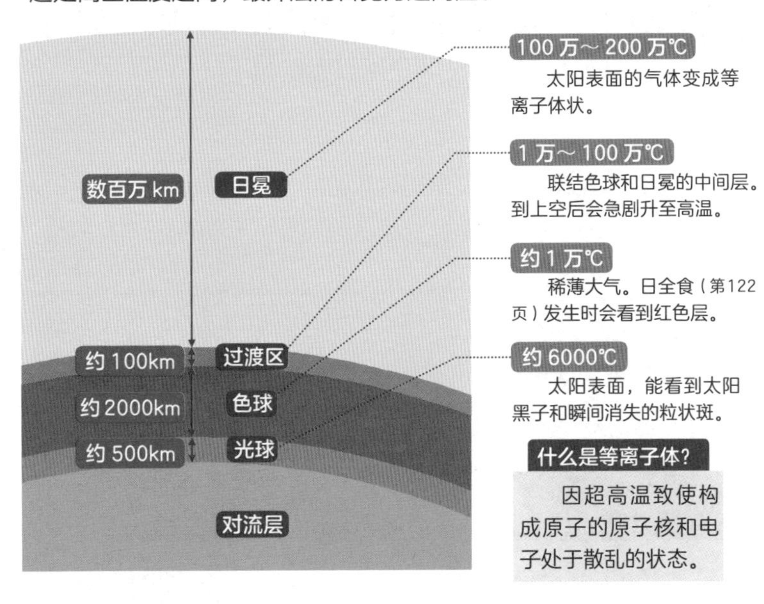

什么是等离子体？

因超高温致使构成原子的原子核和电子处于散乱的状态。

▶黑子的结构（图2）

由对流产生的磁力线束逸出光球而产生。

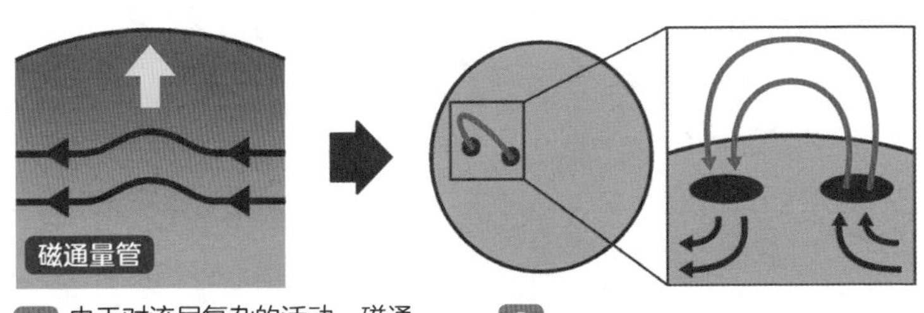

1 由于对流层复杂的活动，磁通量管产生了浮力。

2 磁通量管逸出成为太阳黑子。

29 ［太阳］太阳耀斑？太阳风？太阳会带来什么影响？

太阳大爆炸叫作太阳耀斑。太阳耀斑导致太阳风加强和地球的磁场混乱！

耀斑是恒星表面发生的大爆炸。在太阳上发生的大爆炸叫作太阳耀斑（图1左），是太阳活动中最为剧烈的现象，堪称太阳系中最大的爆炸。据说**爆炸规模相当于10万～1亿个氢弹爆炸**。

太阳风是指从太阳逸出的等离子体等。由于太阳耀斑会释放大量射线和带电粒子，太阳风会变得更加强烈（图1右）。太阳风也会给地球造成影响。

由于太阳风含有大量射线，人类等生物无法直接承受，**但地球有强力磁场作为屏障，可以保护地球上的生物。**不过，强烈的太阳风并不能完全被阻挡，部分粒子仍会闯入地球磁层内部。因此会造成地球磁场紊乱，引发磁暴，致使无线通信故障，人造卫星的电子元件和变电站发生故障等（图2）。

此外，**极光**是由闯入地球的太阳风与地球大气碰撞而产生的发光现象。一般在北极圈等高纬度地区会出现这种现象，如果耀斑活动加强，在低纬度地区也能看到。

地球的磁层抵御着太阳风

太阳耀斑和太阳风的形成原理（图 1）

太阳耀斑 太阳耀斑是在太阳表面持续几分钟到几小时的爆炸现象。由太阳黑子附近的磁力线汇集的能量集中爆发所致。

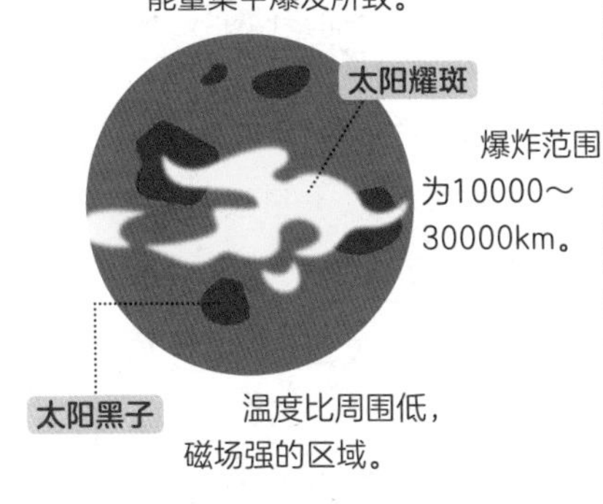

太阳风 等离子体带电粒子流时常被挤出日冕，形成太阳风。

太阳风和地球磁层（图 2）

太阳风散发的有害等离子体会被地球磁层阻挡，不会直接到达地球。但是太阳耀斑会引起磁暴，给人造卫星和通信带来影响。

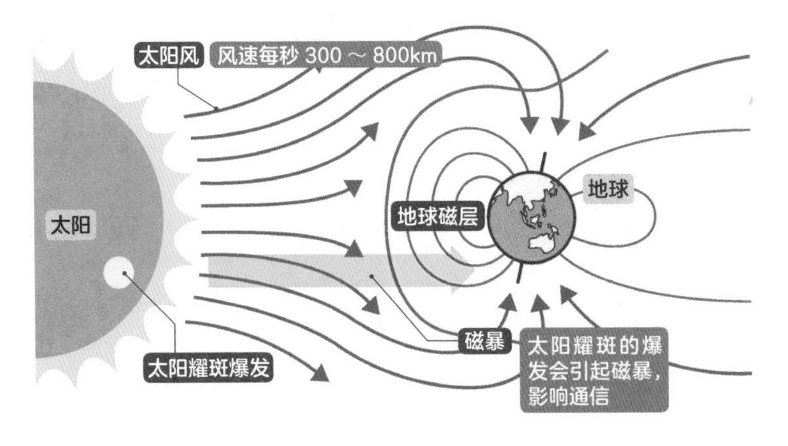

30 持续燃烧后，太阳最后会怎么样？

［太阳］

太阳会持续膨胀，将地球吞噬，最后变成高密度的白矮星！

持续燃烧的太阳，在燃烧殆尽之后会怎么样呢？

太阳中心持续发生着氢原子聚变为氦原子的核聚变反应（第81页）。太阳自诞生以来，46亿年间一直持续着核聚变反应，但是它的氢原子也有耗尽的一天。人们认为**大约55亿年后，太阳中心的氢原子将会被耗尽**。

当氢原子被耗尽时，太阳中心的**核聚变反应就会停止**。由氢原子转变的氦原子也会通过聚变变为更重的元素，不过，这些核聚变并不是在中心，而是在稍外侧发生的。之后太阳中心会收缩，外侧会膨胀，并以每秒数十千米的速度向太空扩散。然后**太阳急剧膨胀，甚至会触及地球的公转轨道**。太阳膨胀时压力会减小，温度也会随之下降。因为发出的光是红色的，所以此阶段的太阳也被称为红巨星。

膨胀成红巨星后的太阳，外层扩散到太空中，变成行星状星云。然后太阳逐渐缩小至内核，大小只有**目前太阳的$\frac{1}{100}$左右**，成为核心发白光的**白矮星**，质量是目前太阳的约70%，是一颗高密度星星。

膨胀250倍，再缩小到$\frac{1}{100}$

▶太阳的最后时期

太阳现在约为46亿岁，它的寿命约为130亿年。

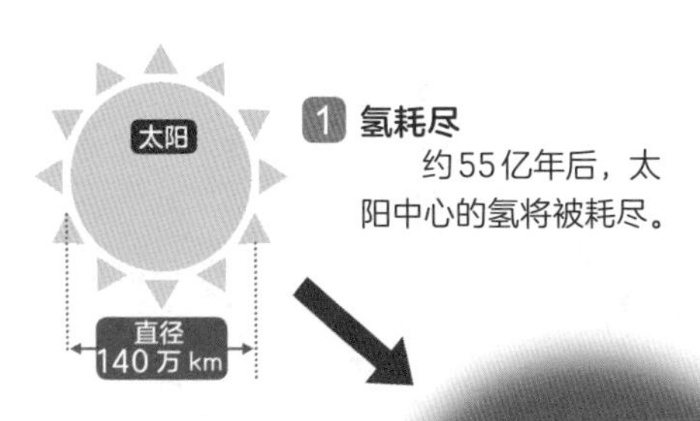

1 氢耗尽

约55亿年后，太阳中心的氢将被耗尽。

2 核心收缩

中心收缩，外侧膨胀。释放大量质量，剧烈膨胀。

4 变成白矮星

太阳变成白矮星后会收缩。当太阳130亿岁时就只剩下核心，体积只有现在太阳的$\frac{1}{100}$左右。

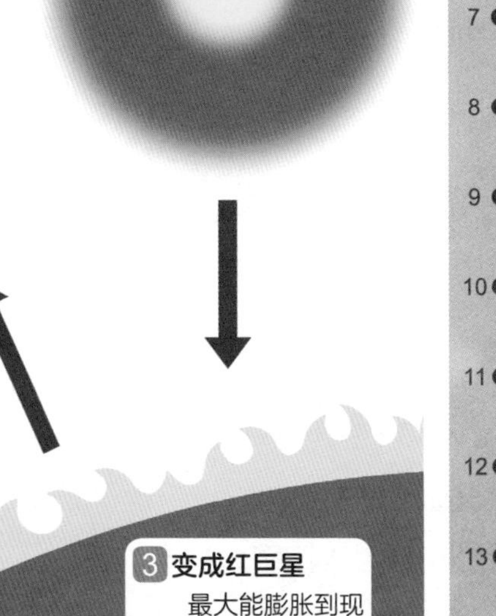

3 变成红巨星

最大能膨胀到现在太阳的250倍。

太阳的一生（单位10亿年）

1 2 3 4 5 6 7 8 9 10 11 12 13 14

现在的年龄

1 2 3

行星状星云

4

太阳膨胀后，我们将

地球会被吞噬?（图1）

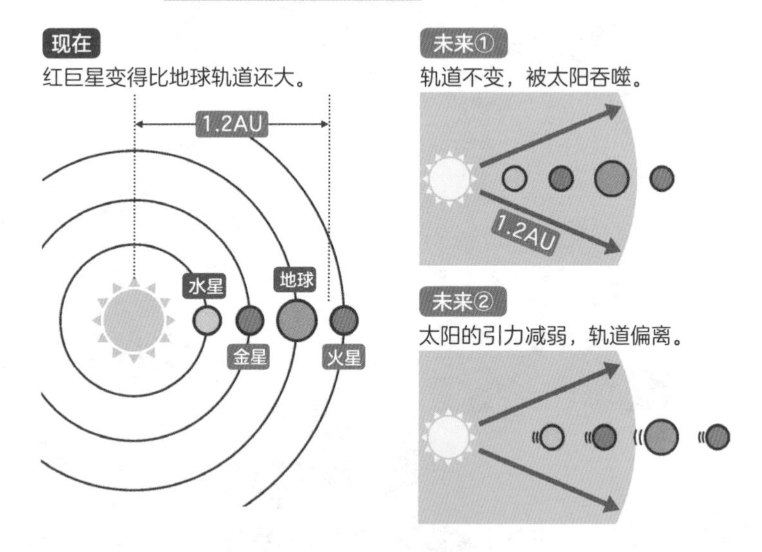

太阳逐渐膨胀。如果持续膨胀，会给地球和整个太阳系带来怎样的影响呢?

大约55亿年后，太阳将膨胀成**红巨星**（第88页）。据说，红巨星达到最大时，**体积约为现在的250倍，亮度约为2700倍。**不幸的是，太阳的热量会让地球变成一颗**海洋蒸发、岩石熔化的行星**。

这个时候的地球是否会被太阳吞噬，人们说法不一（图1）。太阳可能膨胀到1.2个天文单位（AU），超过地球的轨道，但是太阳的质量也会下降到现在的2/3。太阳释放质量，当质量逃逸到地球轨道外侧时，太阳引力就会变弱，周围环绕的行星的轨

迎来怎样的未来？

宜居带会发生变化吗？（图2）

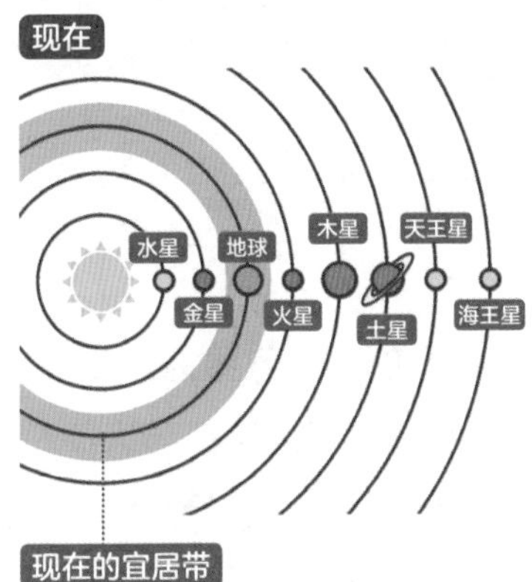

现在地球在宜居带内。

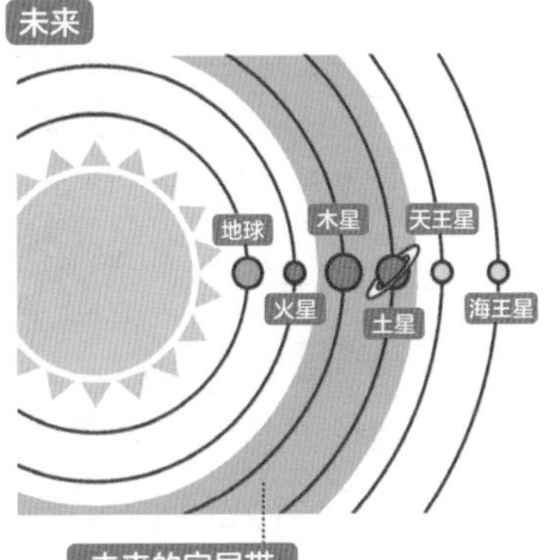

太阳膨胀会使宜居星球增加。

道就会逐渐偏离至外侧，**地球就有可能会位于太阳外侧**；但是当太阳膨胀速度超过地球的逃逸速度时，**地球就会被太阳吞噬**。

那么会对其他星球造成什么影响呢？太阳的膨胀会导致宜居带（第100页）向外偏移，**因此，宜居的星球会增多**（图2）。红巨星时代会持续数亿年，在此期间，木卫二和土卫二的冰将融化。地球的生物即使不移民太阳系外，可能也会移居到这些星球上。

太阳的膨胀会使地球蒸发为星际物质，还是熔化成岩石行星留在宇宙中？这些问题就交给我们的子孙后代来回答吧！

31 地球是怎样诞生的？①

[地球]

地球是由稍大的微行星生成的。气体形成大气，后来形成海洋！

地球是怎样诞生的呢？

太阳的诞生创造了一个以太阳为中心的原始行星圆盘（第78页）。圆盘中的气体和尘埃不断碰撞、组合，形成越来越大的个体，当个体直径达到约10千米时，就把它叫作**微行星**。地球的雏形——**原始地球原本也是一个微行星**，但是它是周围近100亿个微行星中最大的一颗。

当原始地球成长到半径约2000千米时，由于与其他微行星等发生碰撞，挥发性气体从原始地球内部喷出。这些气体被重力留在原始地球表面，形成了大气的雏形——**原始大气**。

与微行星等碰撞产生的热能和原始大气的保温效果，使原始地球的表面形成高温，从而岩石熔化，形成了“**岩浆海洋**”。

由于高温，原始地球中心部分的各种物质都被熔化。其中高密度的金属铁与其他材料分离，致使**中心形成铁层和铁核**。

与微行星的碰撞减少后，原始地球开始冷却。原始大气中的水蒸气形成云层，经过降雨，**原始海洋**诞生了。这就是地球的原型。

碰撞产生的热量形成了原始大气和铁核

▶原始地球的形成

原始地球

1 微行星的成长

大约从46亿年前开始，原始行星圆盘中的微行星不断碰撞、组合，原始地球开始成长。

最大的微行星成为原始地球的核心。

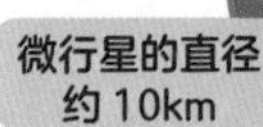

2 原始大气产生

微行星中含有的水蒸气和二氧化碳被释放出来，在重力的作用下，留在了原始地球的表面。

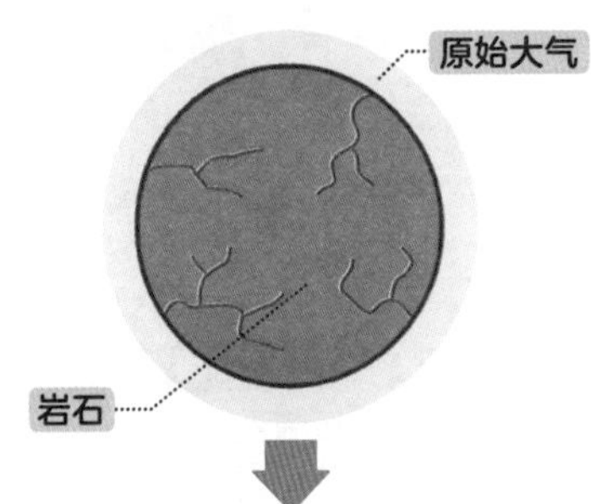

3 形成岩浆海洋

与微行星间的碰撞在持续，碰撞产生的热能，把地球内部熔化了，地表被岩浆海洋覆盖。

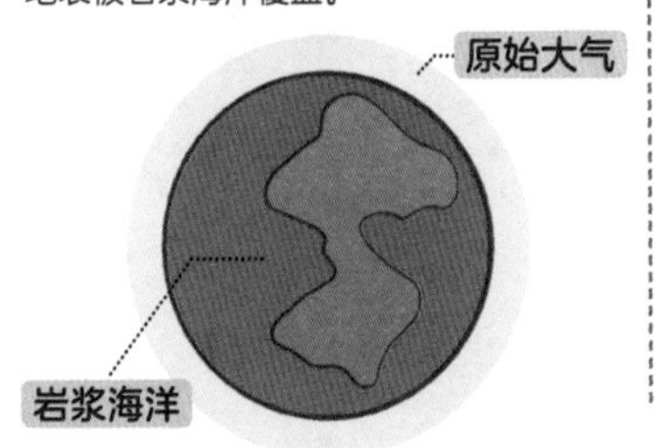

4 形成地核，地表冷却

岩浆海洋含有的金属下沉，在中心形成地核。地表的岩浆逐渐冷却凝固，地表被岩石覆盖。

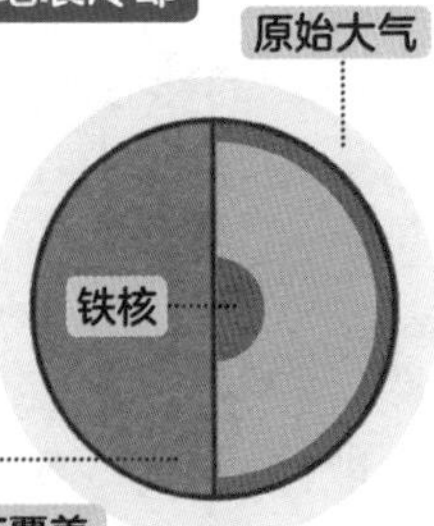

5 海洋的诞生

地表冷却后，大气中的水蒸气也被冷却，形成雨水降至地面，汇成海洋。

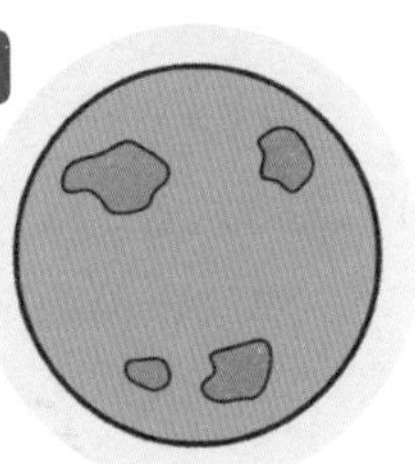

32 地球是怎样诞生的？②

[地球]

岩浆海洋形成地核，产生磁场，形成抵挡太阳风的屏障！

地球诞生后，地球内部又是如何成形的呢？

岩浆海洋（第92页）形成之后，密度较高的金属（主要是铁和镍）沉入中心。在与地球重力大体一样的行星内部，由于高压，熔化了的铁等会凝结为固体，因而形成固体**内核**和液体**外核**。外核外侧是由岩石形成的**地幔**。微行星之间的碰撞结束后，地球会逐渐冷却，外侧凝结成固体，从而形成地幔（图1）。

外核**靠近中心的部分为高温，靠近外侧（地幔）的部分为低温**，因此**热流移动会引起对流**。对流的形成导致**磁场产生**。由于地球自转，对流成螺旋状，形成了像发电机线圈一样的结构，产生了电流。这样一来，**地球就如同电磁体一般，形成磁场**（图2）。

磁场延伸到太空形成磁层，阻挡危险的太阳风，并防止大气逃逸到外太空。总之，地球能成为一颗生物得以繁衍生息的星球，地球磁场功不可没。

地球的主要成分是岩石和金属

地球形成地核的过程（图 1）

1 原始地球是一个岩石和金属融合的球体。

2 密度高的熔金属沉淀至中心。在超高压作用下，中心的金属固体化，形成内核。

3 密度低的熔岩位于地核的上部，逐渐冷却，在表面形成固态岩石层。

内核　铁等金属。虽然高温，却在高压下变为固态。

外核　铁等金属。因高温化为黏稠液体。

地幔　岩石。主要为固态部分和固液混合部分。

地壳　岩石层。厚度为 8 ～ 40km。

地球磁层的原理（图 2）

液态外核的对流形成电磁铁一样的磁场和包围地球的磁层。由于外核现在仍在对流，磁场被保存至今。

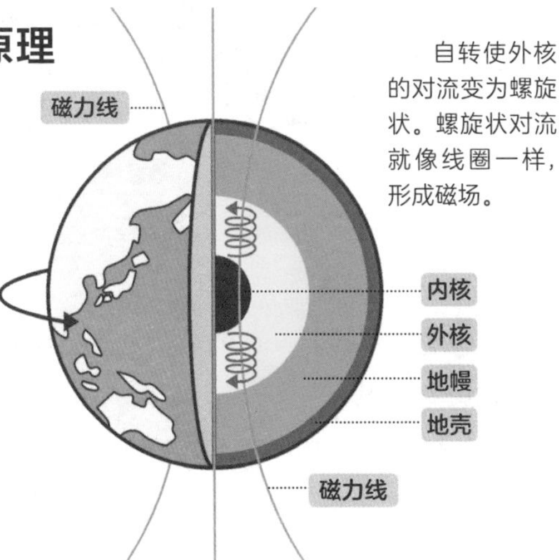

自转使外核的对流变为螺旋状。螺旋状对流就像线圈一样，形成磁场。

更多小知识
趣味宇宙
④

Q 地球的自转速度会一直保持不变吗？

变快 或 **不变** 或 **变慢**

地球一直在不停地自转。地球自转的速度为86164秒（23小时56分4秒）。那么，地球的自转速度是一直保持不变，还是会变快或者变慢呢？

考虑地球自转时，我们需要考虑**自转和摩擦**的关系。让我们先以陀螺为例思考一下。

一般的陀螺，在桌子上旋转时，一开始转速飞快，后来逐渐变慢，最终停下来。这是因为**陀螺和空气、地面之间存在摩擦**。

但如果不断抽打陀螺的话，陀螺就会加速，不断旋转。也就是说，只要施加外力，陀螺就能持续旋转。

但是**地球是无法从外部施加旋转外力的**。也就是说，地球的自转是不可能加速的。

那么**地球会受到摩擦力的作用吗**？事实上答案是肯定的。海水有涨潮和落潮现象，是因为海水会在月球引力的影响下移动。此时海水和海底之间会发生摩擦，**阻止地球自转**。

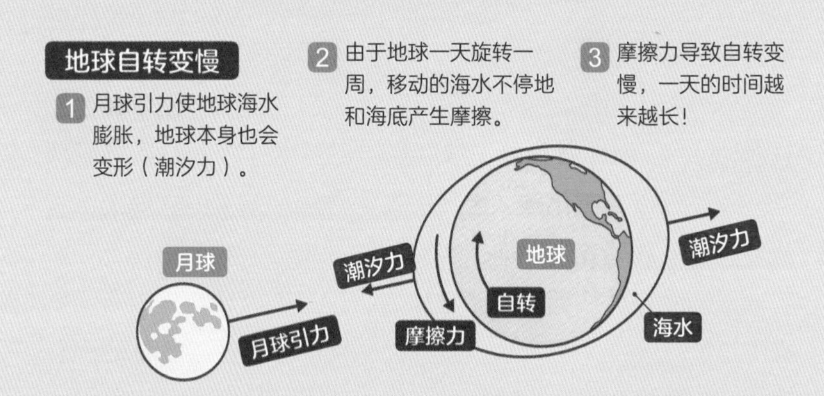

也就是说，地球的自转速度在逐渐变慢。预计未来每过5万年，1天的时间就增加1秒，到1.8亿年后，1天就会变为25小时。

33 [地球] 迄今为止地球上发生过哪些大事？

生命诞生，陆地形成，还出现过全球冻结（雪球地球）的现象！

原始地球诞生至今，地球经历过怎样的历史呢？生命诞生于38亿年前，此时已经有了海洋，虽然一般认为生命是在**海底热泉附近**诞生的（图1上），不过关于生命还存有太多的疑惑。例如，有人说生命起源于宇宙，还有人说火山活动在陆地产生的温泉水比海底更具有“生命摇篮”的条件。

火山活动使岩浆涌上地面，陆地逐渐扩大。随着陆地不断移动、组合和分裂，大约在**3亿年前**形成了超级大陆。超级大陆是指将现在地球大陆板块统一为一块的大陆(图1下)。

在这个过程中，地球发生了环境恶化，也就是**全球冻结（雪球地球）**。随着大陆分裂，新形成的海洋给这些区域带来了降雨，同时吸收二氧化碳。**大气中二氧化碳的减少，减弱了温室效应，致使地球变冷**。地球表面的白冰增加，反射阳光，加剧了地球的变冷，从而造成了全球冻结现象。之后，火山活动又产生二氧化碳，致使地球升温（图2）。地球就是经过如此周而复始的演变发展至今的。

生物曾在深海和海底火山持续生存

▶生命的诞生和陆地的形成（图1）

生命的诞生

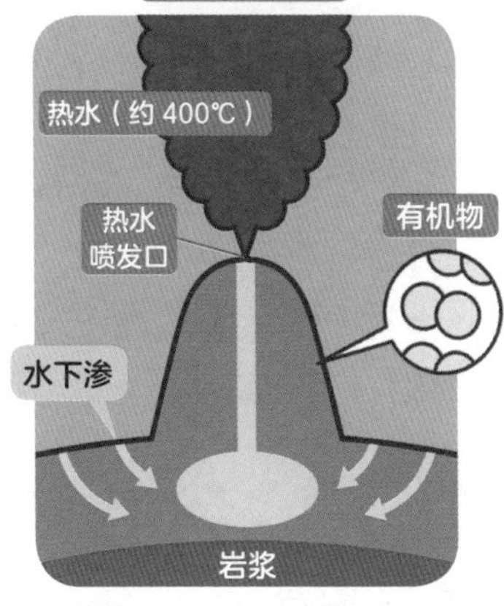

有理论表明，渗入海底的海水经岩浆加热后，从喷发口喷出，海水和地下岩石产生化学反应，形成了成为生命之源的有机物。

大陆地壳的形成

地幔熔化的岩浆喷到地表后凝固，形成陆地。陆地在以数亿年为单位的时间内，不断移动、组合、分裂和再形成，最终形成了现在的大陆。

▶什么是“全球冻结”？（图2）

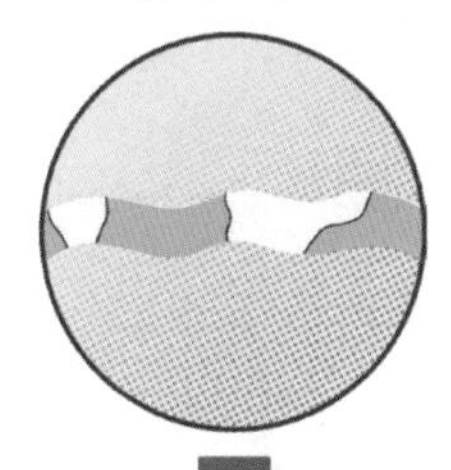

1 新形成的海洋，吸收大气中的二氧化碳，地球温室效应减弱，开始变冷，从两极开始冻结。

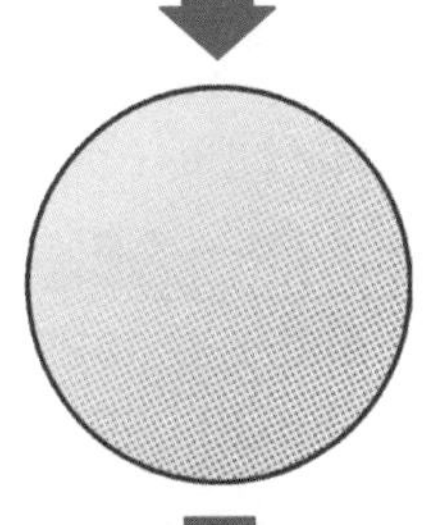

2 白冰反射阳光，导致温度进一步下降，冰冻厚度达到陆地3000m，海洋1000m。

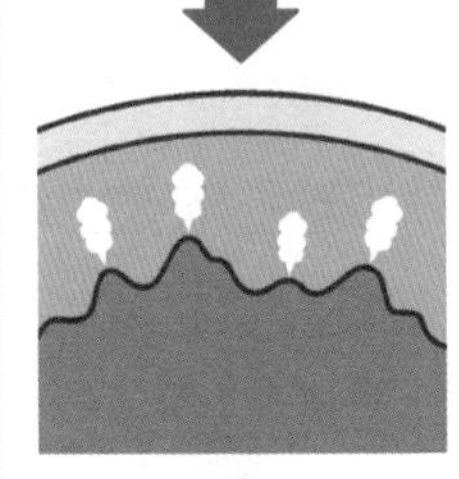

3 即使全球冻结，火山活动依旧，生物继续生活在海底热泉口附近。

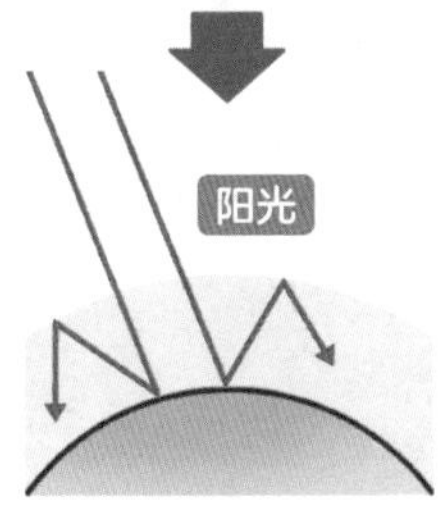

4 海底火山喷出的二氧化碳补充到大气层，温室效应得以恢复，大气积蓄太阳热量，融化冰冻。

34 为什么地球能孕育出生命?

[地球]

因为地球处于存在液态水的宜居带内!

为什么地球上会存在生命? 常见的答案就是“**因为有水**”,那么为什么水会如此重要,而且地球上又恰巧有水呢?

地球上之所以有水,是因为地球在宇宙中位于**宜居带**内。宜居带是指水以液体形式存在,温度条件为 0 ~ 100 摄氏度(以1个标准大气压计),并与**太阳保持适中距离**的区域(下图)。

太阳系的宜居带分布在金星外侧至火星前侧区域。太阳系中虽有八大行星(第74页),**但位于宜居带内的只有地球**。顺便说一下,虽然月球也在宜居带内,但月球上不存在大气。月球形成之初似乎也有水,但都逃逸到太空中了。

那么为什么水对生命如此宝贵? **这是由于呼吸、消化和运动等一切生命活动,都依赖有水参加的化学反应。**此外,水作为血液的主要成分在生物的体内循环,还具有运送氧气、二氧化碳和营养等物质的作用。

地球与太阳的距离堪称绝妙

什么是宜居带？

适合生命居住的区域。条件是液态水可以在天体表面稳定存在。

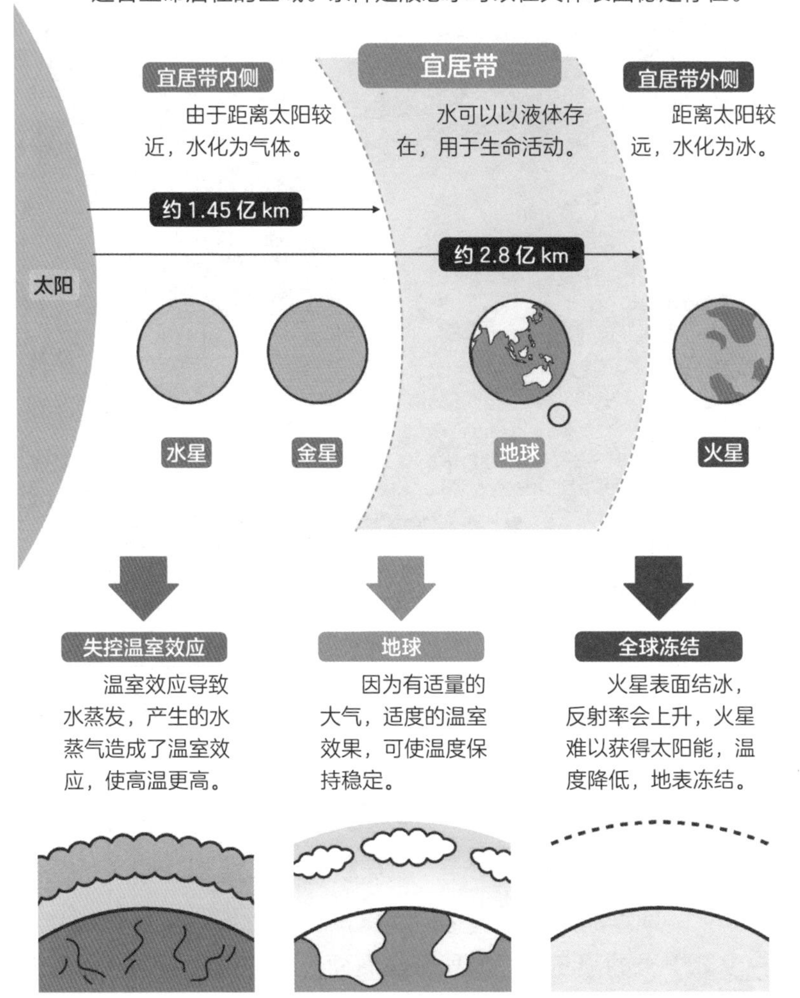

坠落多少颗陨石会危害人类?

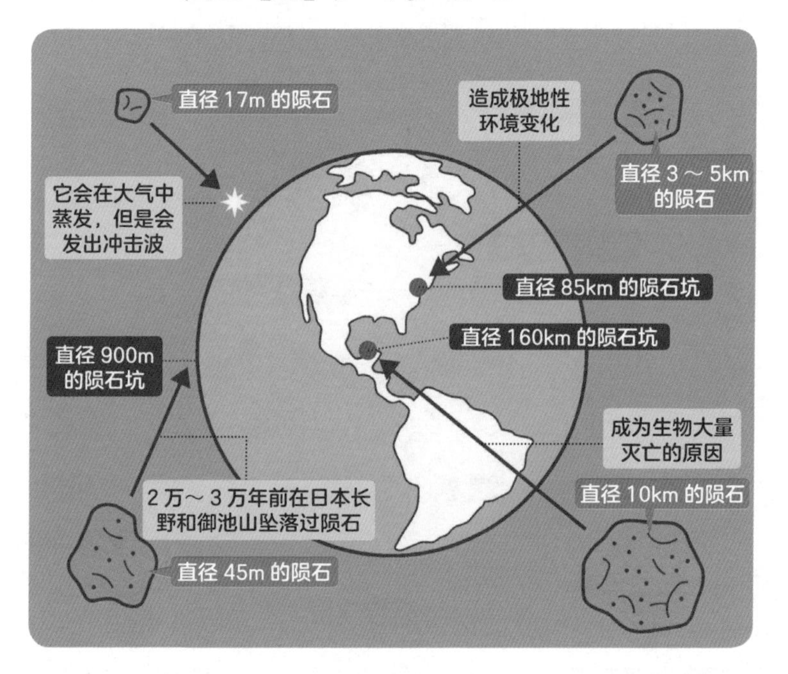

据估计，在过去的100年里，陨石坠落到地球有600次左右，再算上坠入海洋的，共有4000次之多。那么，多大的陨石会给生物造成致命打击呢?

科学家们将距离地球轨道最短距离在748万千米内且直径超过140米的小行星，叫作“**潜在危险小行星（PHA）**”，并加以监测。**即使一颗直径为140米的陨石落在地面上，也会形成一个数千米的陨石坑；如果落在海面，也会引起海啸。**目前为止，估算出的PHA一共有2000个左右。

对地球造成灾害的主要陨石

名字	陨石大小	陨石坑	说明
车里雅宾斯克陨石	直径约 17m	在地球上空30～50km处爆炸	2013 年，在俄罗斯的车里雅宾斯克州上空爆炸。超音速冲击波震碎了半径 50km 内的玻璃，导致多人跌倒。
巴林杰陨石坑	直径30～50m	直径约 1.6km	4.9 万年前，在今美国科罗拉多州坠落。冲撞点 3~4km 以内的动物全部灭亡，10km 以内引发了火灾。
里斯陨石坑	直径约 1km	直径约 26km	约 1450 万年前，在今德国拜仁州坠落。据说地面受到超过 20000℃的热量和压力，沙石散落至 450km 开外。
切萨皮克湾陨石坑	直径3～5km	直径约 85km	约 3500 万年前，在今美国弗吉尼亚州的切萨皮克湾坠落。造成高达 450m 的海啸，波及约 500km 开外的蓝岭山脉。
希克苏鲁伯陨石坑	直径约 10km	直径约 160km	约 6550 万年前，在今墨西哥的尤卡坦半岛坠落。造成冲撞地点发生 10 级以上地震，恐龙等全球 75% 的物种灭绝。

即使是一颗直径17米的陨石，在特殊角度下，单凭通过城市上空时产生的冲击波，也会给城市造成一定危害。

有一种说法认为，恐龙灭绝是陨石坠落造成的，此时的陨石直径约为10千米。由于陨石坠落时产生的冲击，周围的地面会蒸发，同时会引发数百至数千米范围内的火灾、10级以上的大地震和数百米高的海啸。事实上，陨石坠落只是引起生物大规模灭绝的诱因，此后发生的阳光遮挡（由散布在大气中的数千亿吨粉尘引起）、酸雨、变暖（释放大量温室气体）和紫外线增加（臭氧层破坏引起）等，所有这些因素结合起来，致使75%的物种慢慢灭绝。也就是说，如果有这样大小的陨石坠落，生物可能会遭受灭顶之灾。

目前，人们已经在PHA中确认了一颗直径为7千米的陨石。此陨石一旦坠落，会产生超过100千米的陨石坑，导致环境变化。也会成为诱发阳光遮挡、酸雨、变暖和紫外线增加的后果。**也就是说，直径7千米的陨石，也有可能会对生物造成致命的伤害。**

35 月球是怎样诞生的？

[月球]

虽然有很多观点，但大碰撞说更具说服力！

月球是怎样诞生的？自古就有很多理论，比如**同源说、亲子说、俘获说**（下图2～4）等，自古以来就众说纷纭。

其中最有力的解释是**大碰撞说**（下图1-1）。**该说法认为**原始地球受到一个火星大小、名为“忒伊亚”的天体撞击，撞击碎片最终形成了月球。由于强烈的碰撞，忒伊亚掉落的碎片和原始地球掉落的地幔碎片散落在原始地球周围。尽管大多数碎片都落到了地球上，但是还有一小部分因为受到彼此的引力而凝结形成了月亮。通过计算机的模拟实验，完全可以形成一个和实际月球一样的卫星。

但如果是火星那样的小行星撞击地球，那么在月球的成分中，应该有约$\frac{4}{5}$来自地球，约$\frac{1}{5}$来自相撞的另一天体，可实际上，月球和地球的成分基本相同。

因此自2016年起，人们又提出了一种**多次冲撞说**（下图1-2）。该学说认为，月球的形成并非源自大型小行星的一次性碰撞，而是**碰撞了约20次**。如果从微行星多次碰撞地球来考虑，月球和地球的成分几乎相同也就好理解了，同时也可以解释大碰撞说中存在的矛盾了。

月球的形成原因尚不明确

▶与月球诞生相关的各种学说

1-1 大碰撞说

46亿年前，原始地球形成不久就与一颗火星大小的小行星忒伊亚相撞。

1-2 多次冲撞说

46亿年前，原始地球形成后，连续与微行星碰撞约20次。

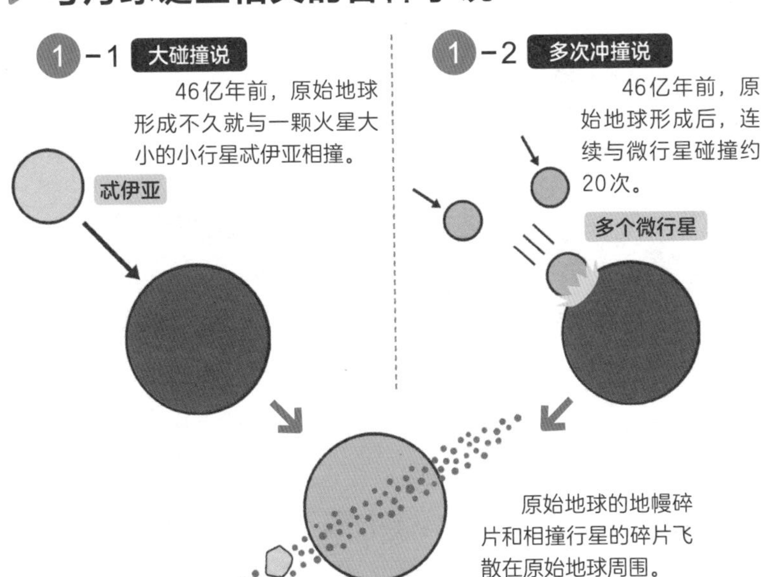

2 同源说

在地球诞生的同时，月球也从微行星中诞生。

3 分裂说

由于原始地球自转产生的离心力，月球被从地球中甩了出来。

4 俘获说

某小行星经过地球附近时，被地球引力吸引，成为月球。

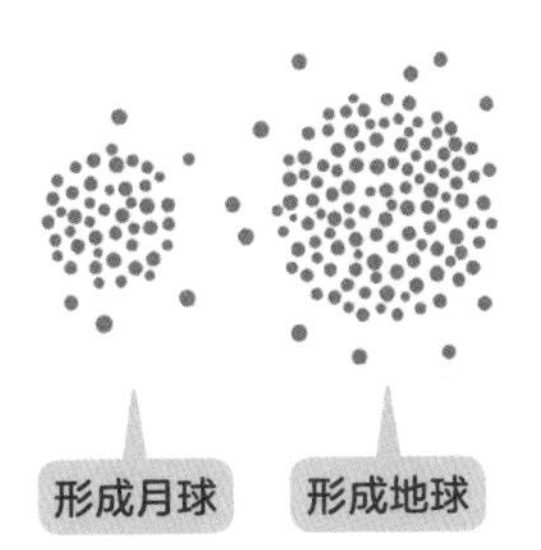

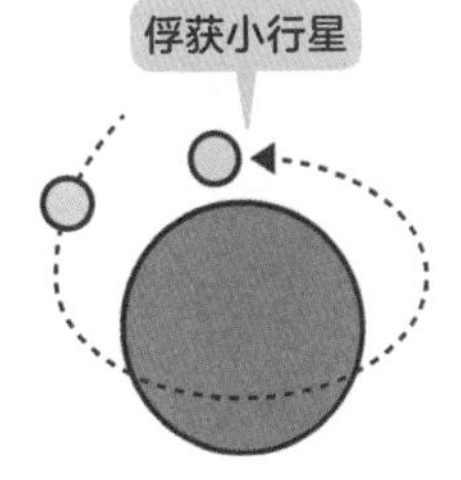

36 月球为什么会围绕地球旋转？

［月球］

原始地球和小行星相撞，月球的“雏形”四处飞散，开始旋转！

月球为什么会围绕地球旋转？答案要从月球的诞生说起，因此让我们先了解一下**大碰撞说**（第104页）吧。

原始地球遭到一颗火星大小的**小行星忒伊亚**的撞击。撞击十分剧烈，足以让小行星嵌入原始地球内部。原始地球的地幔碎片、气体和化为水蒸气的水，与粉碎的小行星共同飘散在地球周围。

从地球上飞散出的大量碎片和气体，伴随地球的自转而旋转。在相互引力的作用下，这些碎片相互吸引、合体，最终形成了月球。因此，**即使在变成月球之后，仍继续围绕地球旋转。**

微行星降落到刚形成的月球上，撞击产生的热量把月球表面熔化了，但随着撞击平息，月球表面逐渐冷却。由于放射性元素的衰变，月球内部也被热量熔化，熔岩喷上地面，这样的火山活动持续了约7亿年，终于在30亿年前结束，然后连内部也冷却了下来，月球就成了现在的样子。

也有研究说，由于小行星忒伊亚的碰撞，使地轴倾斜度也发生了变化。

小行星的撞击让月球开始旋转

▶向碎片飞散的方向旋转

小行星与原始地球的斜向撞击，对后来的地球和月球的运动产生了巨大影响。

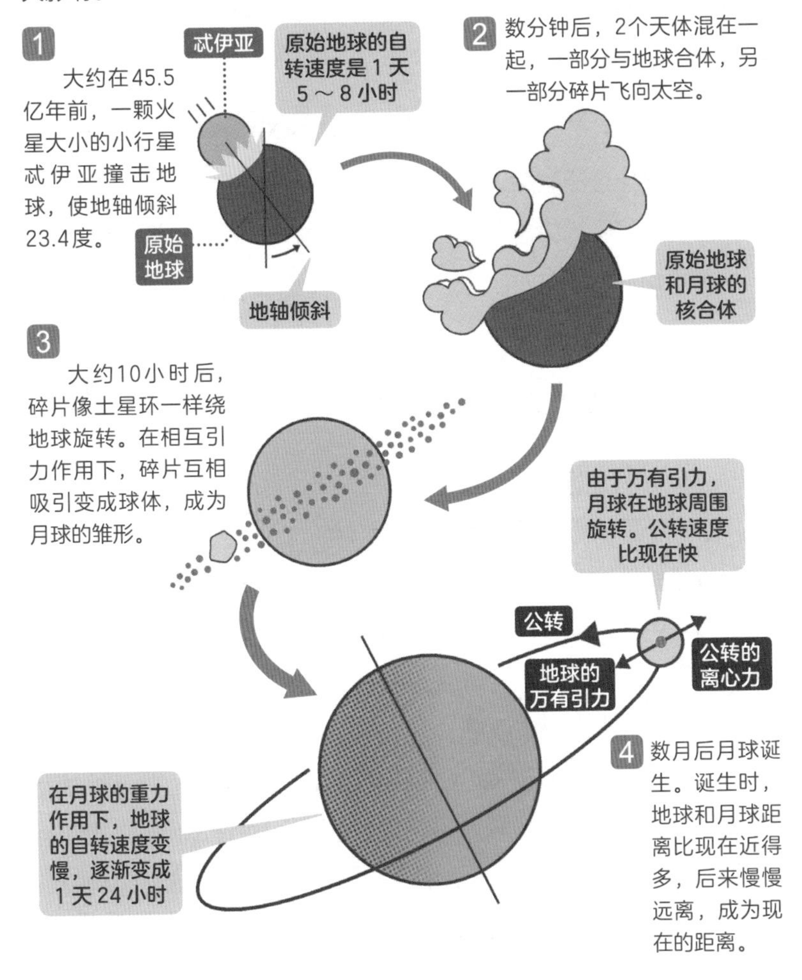

37

[月球]

潮汐真的是因为受到月球影响吗？

月球引力和地球离心力引发潮汐！

“潮汐是由月亮引起的”——这句话想必大家都听说过，那么这究竟是什么原理呢？

月球的直径约为地球直径的$\frac{1}{4}$。作为一颗行星，能拥有这么大一颗卫星，这种情况在太阳系绝无仅有，因此对地球的影响也非常大。

月球和地球是通过引力彼此吸引的。一方面，面向月球一侧的地球会受月球吸引，因此海水会被吸向月球一侧，造成海面上升，这就是**涨潮**。

另一方面，背对月球一侧的区域看似不受月球引力影响，但也会满潮，地球和月球的共同重心所产生的离心力，使海面上升。也就是说，是月球引力和地球离心力引起了涨潮。

并且，在与能看到月球的方向垂直的方向上，涨潮的影响会使海水变少，从而形成**退潮**。

像这种拉动天体形状的力叫作**潮汐力**。当太阳、地球和月亮排成一条直线，即满月和新月之时，太阳和月球的潮汐力叠加，会加大涨潮和退潮的差距（**大潮**）。据说此时还易引发火山喷发。

引力和离心力使海平面上升

▶潮汐力引发的涨潮和退潮

太阳引力也会对潮汐力产生影响，但它的影响不及月球的一半。由于潮汐力按距离的3次方呈反比例减少，所以离地球最近的月球对潮汐的影响最大。

涨潮 海面最高时。

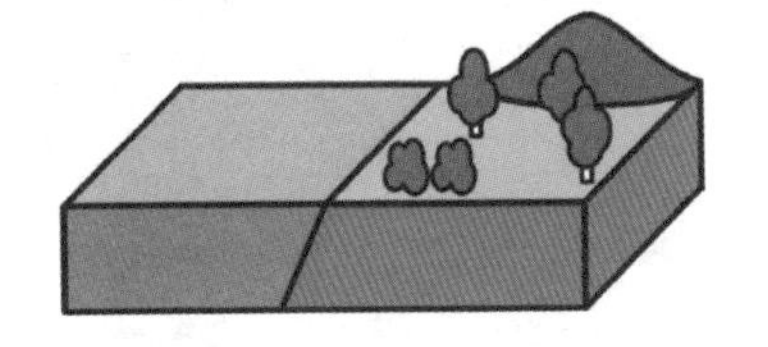

退潮 海面最低时。

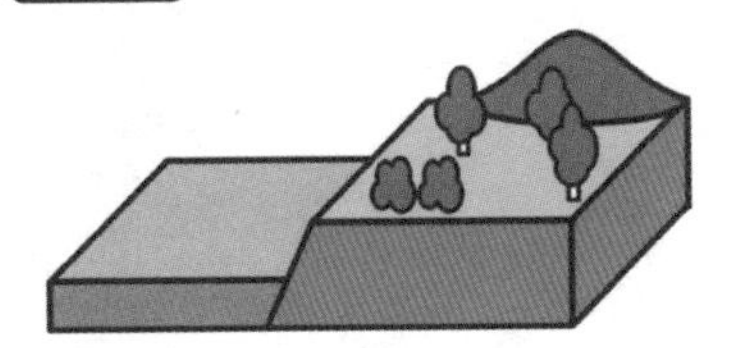

大潮

太阳、地球和月球位置关系如图所示时，涨潮和退潮的海面高度差最大。

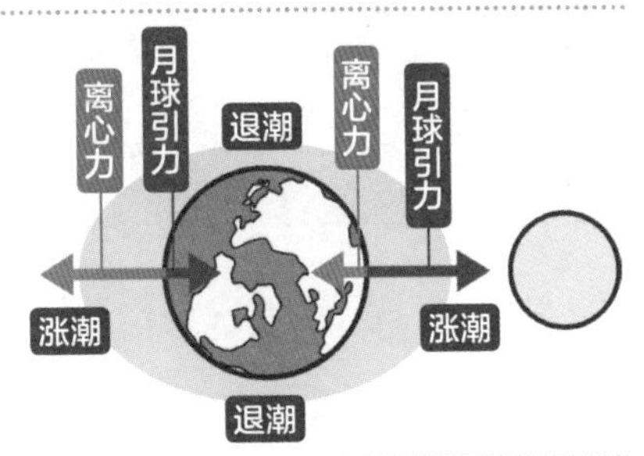

小潮

太阳、地球和月球位置关系如图所示时，涨潮和退潮的海面高度差最小。

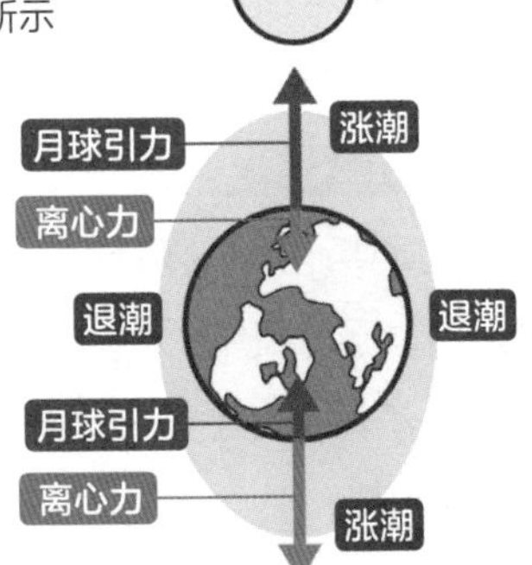

幻想
科学特辑
5

没有了月球，地球将会怎样？

其实月球一直在远离地球。约45亿年前月球诞生时，地球和月亮的距离约为24000千米，但现在约为38万千米。相比之下，**月球远离了16倍以上**。

月球潮汐力导致地球自转变慢，如果地球的自转变慢，月球轨道就会远离地球（下图）。随着月球公转半径的扩大，**月球每年会远离地球3.8厘米**。但是这并不表示将来月球会脱离地球。当地球自转周期与月球公转周期一致时，潮汐力将不再起作用，月球就不再继续远离地球。

如果月球不再是地球的卫星，地球会怎样呢？没有了月球，**就不会再有潮汐**。

月球远离地球的原理

1 月球引力使海洋变形。海洋逐渐变形，地球连同膨胀的海洋一起自转。

2 海洋变形带来的摩擦（潮汐摩擦）阻碍地球自转。地球的膨胀和月球之间产生引力，进一步阻碍地球自转。

3 为了保持旋转运动量，地球自转变慢的同时，月球公转半径会变大，月亮就会远离。

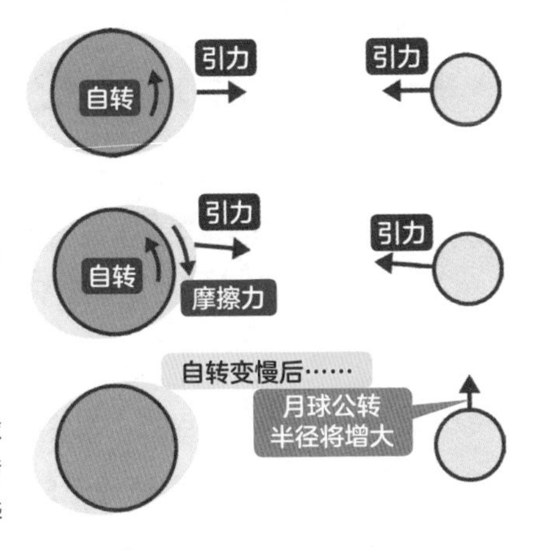

月球的存在可以让地轴保持稳定，一旦没有了月球，**地轴的方向就会不稳定**，可能会引起难以想象的环境变化。

也有观点认为，**月球具有保护地球免受小行星撞击的作用**，如果没有月球，可能会有更多的小行星撞击地球。另外，即使月球消失，地球的自转周期仍会停留在现有阶段。

那么，有没有可能出现第二个月球呢？事实上，有时也会暂时出现一些绕地球旋转的天体，科学家们称之为“**迷你月球**”。不过迷你月球太小，无法稳定地轴。就算有类似月球的天体飞向没有月球的地球，根据能量守恒定律，该天体也无法停留在地球周围。只要不发生碰撞，就又会飞离地球。也就是说，对于地球而言，月球是无可替代的。

38 ［月球］ 月球是一个怎样的世界？月球为什么会有陨石坑？

月球的温度可达100摄氏度以上，最低温度为零下170摄氏度。陨石坑是无数微行星撞击后留下的痕迹！

月球是一个怎样的世界呢？**月面是真空的**，听不见声音，也没有风。由于**月球的重力只有地球的$\frac{1}{6}$**，所以大气都逃向了太空。**太阳光照射到的地方温度可达100摄氏度以上，背阴处温度在零下170摄氏度左右**。

月球表面有很多遭微行星撞击形成的陨石坑。大的直径超过200千米，数量有数万个，陨石坑大小取决于撞击微行星的质量和速度。

当微行星高速碰撞时，碰撞面会由于产生的热量而熔化，周围形成突起。熔化的地方不久后冷却，变平变硬，形成陨石坑。

月球上的陨石坑大部分形成于38亿～41亿年前。不过，也有的是相对较新的，比如月球背面直径22千米的布鲁诺陨石坑就是在100万～1000万年前形成的。

地球也被微行星撞击过无数次，但由于地壳变动和风雨风化，痕迹几乎消失了。**月球上没有大气，所以陨石不会因为和大气摩擦而消失，也不会风化**，因此凹凸不平的陨石坑依然存在。

月球上的陨石坑有数万个

▶月球和陨石坑

陨石坑是由无数微行星碰撞产生的。由于落在月球背面的陨石比正面多，因此陨石坑的数量多，起伏也大。

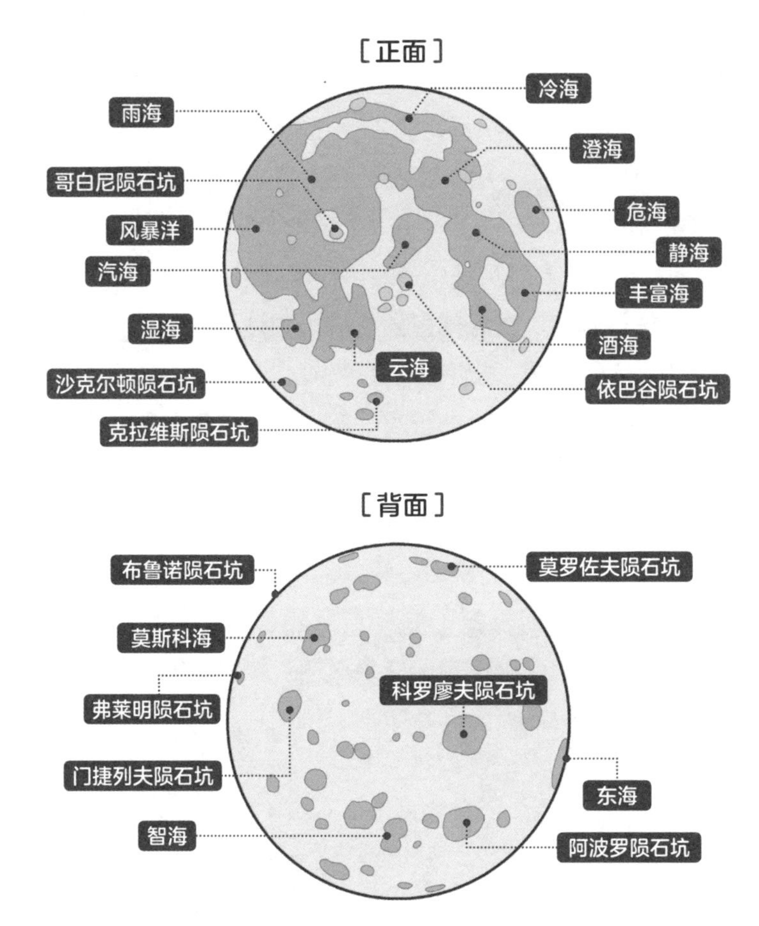

月球上的大小陨石坑有数万个，因撞击天体的速度和质量不同，陨石坑规模也不同。

39 如何登月？

[月球]

火箭绕月球轨道旋转，然后用登月舱登陆月球表面！

每个人都向往月球旅行，那么登月和从月面返回地球究竟是如何进行的呢？下面介绍一下史上首次载人登月的**阿波罗11号**的行程（下图）。

首先，火箭在到达月球轨道后进行半旋转，然后在该状态下喷射气体进行减速。**当月球重力与离心力达到平衡速度时，火箭就会进入环月轨道，**然后分离登月舱。

月面登陆是用登月舱进行的。舱内有几名宇航员。登月舱在飞行的同时寻找适合着陆的地点，选好着陆点后会减速。减速是通过反向喷射进行的，缓慢着陆。顺便说一下，在登月舱登月期间，火箭仍沿环月轨道旋转。

返回地球时，航天员们会乘登月舱起飞。登月舱与环月的火箭进行对接，这叫作**空间交会对接**。登月舱的航天员登上火箭后抛弃登月舱。火箭半旋转喷射气体，踏上返回地球的归途。

此外，美国国家航空航天局（NASA）已公布2028年前**开建月球基地**的计划。如此一来，登月和调查工作将会更加深入。

人类通过阿波罗计划实现登月

载人登月的阿波罗计划

阿波罗计划于1966年启动，阿波罗1号发生了事故，2号和3号是空号，4号、5号和6号无人飞行，7号和8号实现载人飞行，9号和10号搭载了登月舱，10号的无人登月舱降落在了月球上。1969年，通过阿波罗11号，人类终于首次站在了月球上。

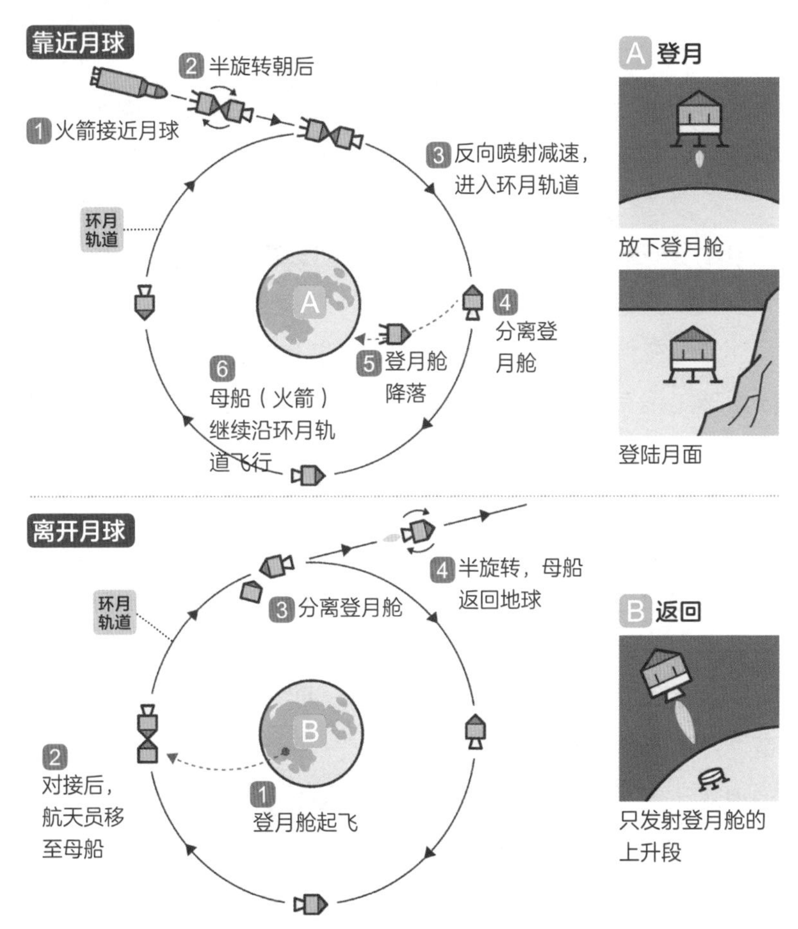

40 月球也拥有像地球一样丰富的资源吗？

［月球］

有最适合核聚变反应堆燃料的氦-3。还可以考虑资源以外的月球利用方法！

会不会和地球富有能源资源一样，月球也有可以利用的资源呢？事实上，月球也有丰富的资源，人们也在考虑如何利用这些资源。

月球富含**铝**、**钛和铁**等，不过，**氦-3**却备受瞩目。**氦-3是最适合核聚变反应堆燃料的资源，估计有近百万吨**。据计算，1万吨氦-3所提供的能量，可供全人类使用100年。此外，人类还计划在月球赤道上设置**太阳能电池（太阳能电池板带）**。由于月球上没有云层，所以环绕月球的太阳能电池板带可以持续发电。

然而，由于将月球资源带回地球所耗费的财力和能源实在太高，目前该计划暂且还没有实现。科学家们认为，如果**不将资源带回地球，而是在月球上直接加以利用**，这样的可行性也许会更高。

除了资源，人们还在考虑其他可以利用月球的方式。由于来自地球的电磁波被阻挡，人们正考虑在月球背面实施**射电望远镜观测**计划。此外，基于月球引力是地球的$\frac{1}{6}$这一优势，计划在月球上培育出比地球上长势更好的农作物。

月球的独特环境

▶月球资源及利用

月球发电

月球富含氦-3（第81页），可以利用零损耗理想核聚变反应堆进行发电。月球表面一年都受阳光照射，太阳能发电也非常高效。能量传送使用从月球向地球发射激光的方式来进行。

天体观测

月球背面是观测天体的绝佳场所。没有云层，大气也不会制造障碍。月球还阻挡了地球放射的各种电波，因此最利于射电望远镜观测。

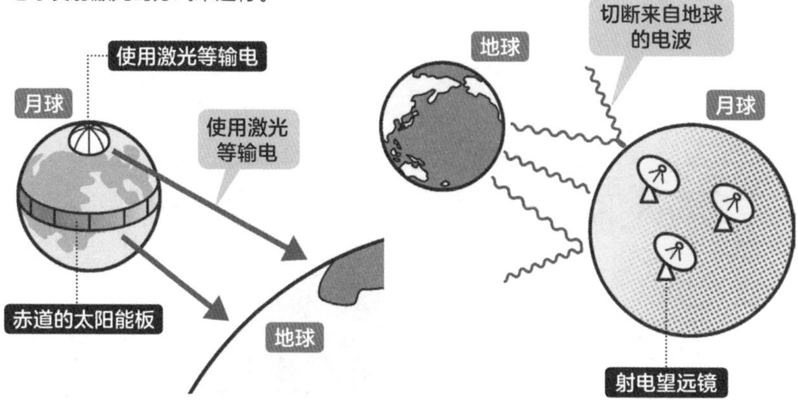

资源利用

由于铝、钛和铁含量丰富，将来可在月球建立精炼厂。

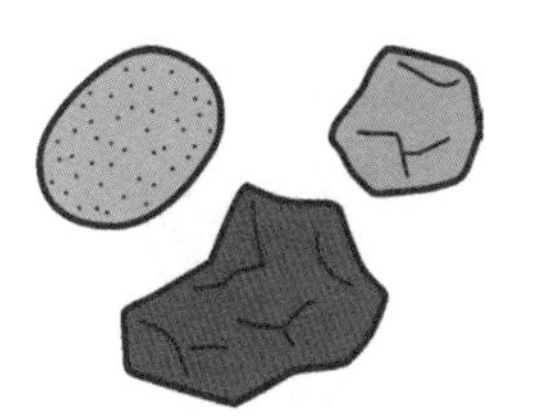

表岩屑

表岩屑（月球表面的沙子）除了含有氦-3外，还有丰富的氧化铁、氧等。

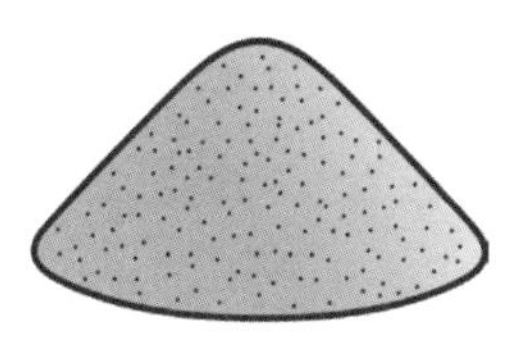

太空育种

由于月球的重力是地球的$\frac{1}{6}$，有望培育出大型植株的农作物。

41 月球为什么会有阴晴圆缺?

[月球]

月球所在位置不同，从地球看到的阳光照射区域会逐日变化!

在某一天出现满月后，月亮会慢慢缺损，直到有一天我们看不到它；不过几天之后，月亮又会慢慢地变成满月。那么为什么月亮会出现盈亏呢?

观察发现，**月相每隔29.5天就会进行一次更替。这是因为月球和太阳位于相同位置的周期约为29.5天**（第121页）。月球自身不会发光，我们看到的月亮只是被阳光照亮的部分，即月球朝阳的地方。阳光照不到的地方因阴影显得发黑，由于跟太空的黑色相同，因此看起来就像残缺了一部分。月球在绕地轨道的位置不同，朝阳区域和阴影的比例也会不同。**这就是月亮阴晴圆缺的原因**（图1）。

因为地球自西向东自转，所以太阳和月亮看上去都是东升西落。例如，满月时地球正好位于太阳和月球的正中间，因此，日落时满月会同时从东边天空出现。至于蛾眉月，会发生在月球离太阳较近的方位。因此，人们会在太阳落山的西方天空看到蛾眉月（图2）。**月亮出现的时刻和在天空停留的时刻也是每天都在变化**。

月相的更替周期约为 29.5 天

▶从地球上看到的月球的向光区域（图 1）

从图左侧发出的阳光只能照亮月球的左侧。观看角度不同，从地球看到的月相就会不同。

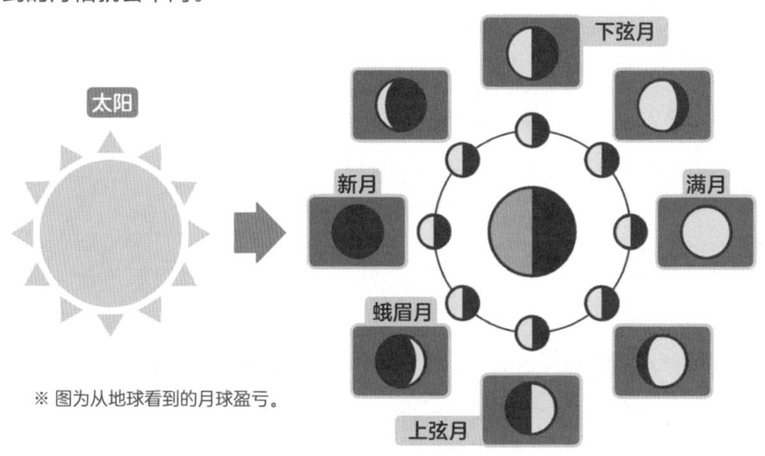

※ 图为从地球看到的月球盈亏。

▶日落时的月相与可视角度（图 2）

日落时，月球所处位置不同，月相就会不同。

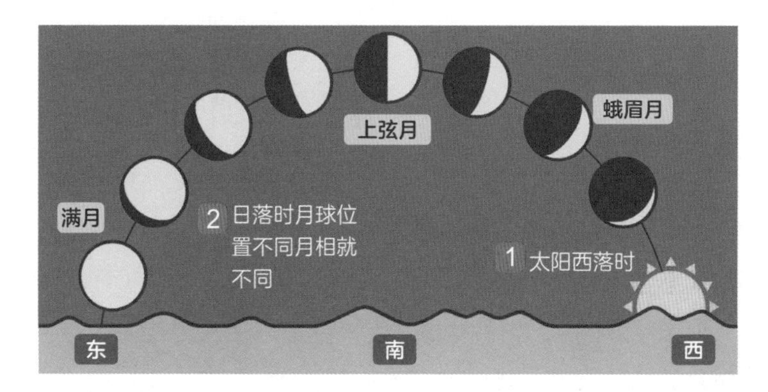

更多小知识
趣味宇宙
⑤

Q 在月球生活的话，一天的长短会变化吗？

一天会变长 或 和地球一样 或 一天会变短

未来人类或许会在月球上生活。那么月球的1天会有多长呢？在地球上，太阳升起至次日太阳再次升起，1天的时间是24小时，那么月球上的一天也一样吗？还是说会比地球长呢？

地球上的1天是指太阳升至正南到次日太阳再次升到正南所需的时间（太阳位于正南叫作**正午**）。由于地球自转，地球在24小时内会进行昼夜更替。

那么月球的1天到底有多长呢？由于未来人类或许真的会在月球生活，所以就让我们来思考一下吧！

由于月球的自转和公转周期相同，所以面向地球的总是同一面。**月球的一天是月球绕地球一周的时间**，在月球上，太阳从升到正南至下一次升到正南，换算成地球上的时间的话，大约需要29.5天。因此答案是：与地球相比，月球上的一天变长了。

事实上，即使月球绕地球旋转一周，太阳也不会回到正南。因为月球绕地旋转期间，由于地球的公转，它与太阳的位置关系也在改变。到太阳的正南方，月球还需要多公转两天。

那么，在月球上生活会是一种怎样的感觉呢？在月球上，**110摄氏度的白天约持续两个星期，然后零下170摄氏度的夜晚再持续约两个星期**。由于没有大气，耀眼的太阳会突然从地平线上升起。月球上没有蓝天，天空总是黑暗的，也看不到闪烁的星星。

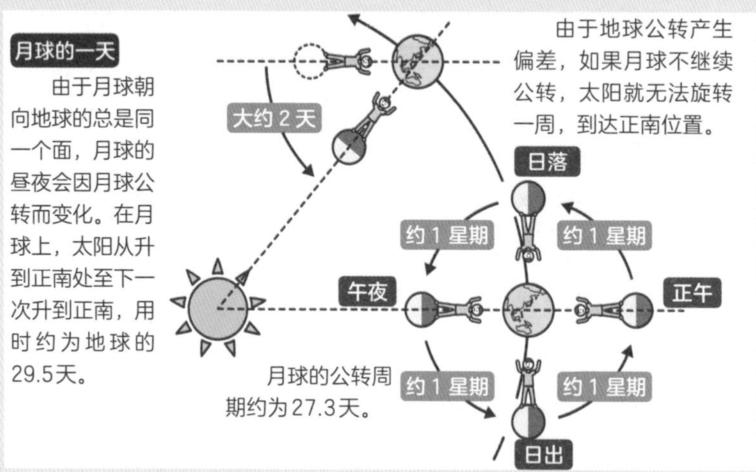

如果观测地点不变，**在月球表面上看到的地球的位置是不会改变的**，大小是地球上所见的月亮的约4倍，盈亏的更替周期约为1个月。尽管很想体验一下月球上的生活，不过，这大概需要相当大的决心吧。

42 月食和日食是怎样形成的？

［月球］

由于太阳、地球和月亮的位置关系造成遮挡而发生的现象！

转眼间，满月缺了一块，太阳也缺了一块，类似的现象一年内会发生好几次。前一种现象是月食，后一种现象是日食。为什么会发生这种现象呢？

月食是月亮进入地球阴影时的现象（图1）。月亮局部进入阴影的是**月偏食**，完全进入阴影的是**月全食**。满月时，虽然太阳、地球和月亮呈直线排列，但并不意味着总会发生月食。因为月球的公转轨道相比地球的公转轨道约有5度的倾斜，因此月球会从地球的阴影处产生微妙的偏离（图1）。

日食是太阳进入月球阴影时所发生的现象（图2）。太阳的一部分被遮住的是**日偏食**，完全被遮住的是**日全食**。因为从地球上看到的太阳和月亮大小基本相同，才会发生这种现象。

但是由于月球的公转轨道是椭圆的，并且是在距离地球36万～40万千米的范围内浮动，所以当月球远离地球时，月球看起来会小一些。这时发生的日食，月亮无法完全遮住太阳，所以太阳周围会像戒指一样发光，这种现象叫作**日环食**。

月球和地球的影子引起的现象

月食是地球映在月亮上的影子（图1）

隔着地球，太阳和月亮处于正好相反的位置时发生。

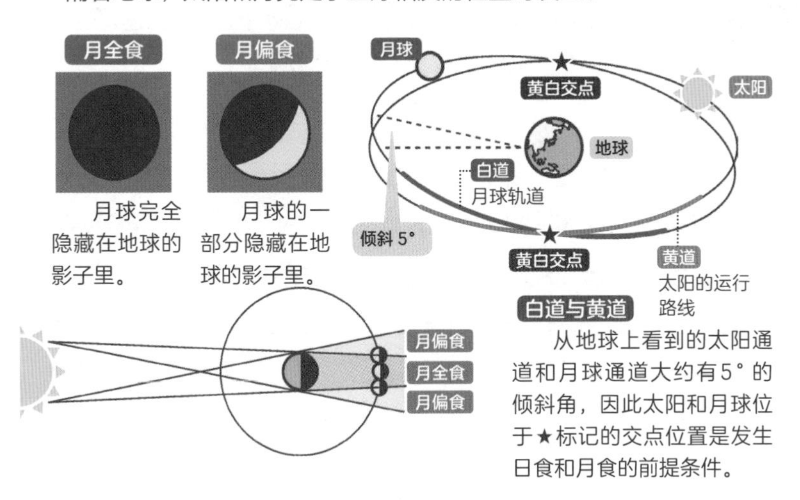

白道与黄道 从地球上看到的太阳通道和月球通道大约有5°的倾斜角，因此太阳和月球位于★标记的交点位置是发生日食和月食的前提条件。

日食是月球遮挡太阳的现象（图2）

当观察者、太阳和月球位于同一条直线上时发生。

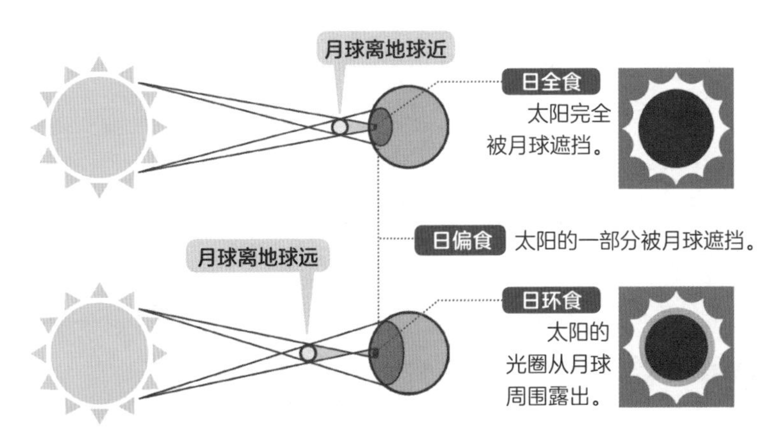

43 [太阳系行星] 名字叫水星但是没有水？水星的结构特征

被太阳照射的一面可达430摄氏度高温。虽然不存在液态水，但是有冰！

水星是太阳系中离太阳最近的一颗行星。从水星上看到的太阳是从地球上看到的太阳的近3倍大小。被太阳照射到的一面，**白天温度可达430摄氏度**，由于几乎没有大气，热量难以保存，晚上的温度会下降到**零下160摄氏度**。

一方面，水星自转较慢，**水星和太阳的位置关系通过2次公转才会变化1次**。也就是说，在水星上1天，水星会公转2次。换算成地球时间，水星的1天约为地球的176天。

另一方面，水星的公转很快，换算成地球时间，**水星绕太阳转一周大约88天**。由于公转速度快，所以水星被赋予了众神信使墨丘利这一名字。据说之所以它的名字叫水星，也是因为它围绕太阳不停旋转的样子令人联想到水。

虽然名字中带有一个“水”字，**但是水星上并不存在液态水**。水星的大气极其稀薄，其中的水蒸气含量微乎其微。但是经探测器探测，确认在极地陨石坑阳光照射不到的地方有冰的存在。

水星表面跟月球一样也有很多陨石坑。**最大的陨石坑被叫作卡路里盆地**，直径约1300千米，**约为水星直径的$\frac{1}{4}$**。

冷暖温差大，极地有冰

水星的特征

小行星，重力小，无法留住大气。

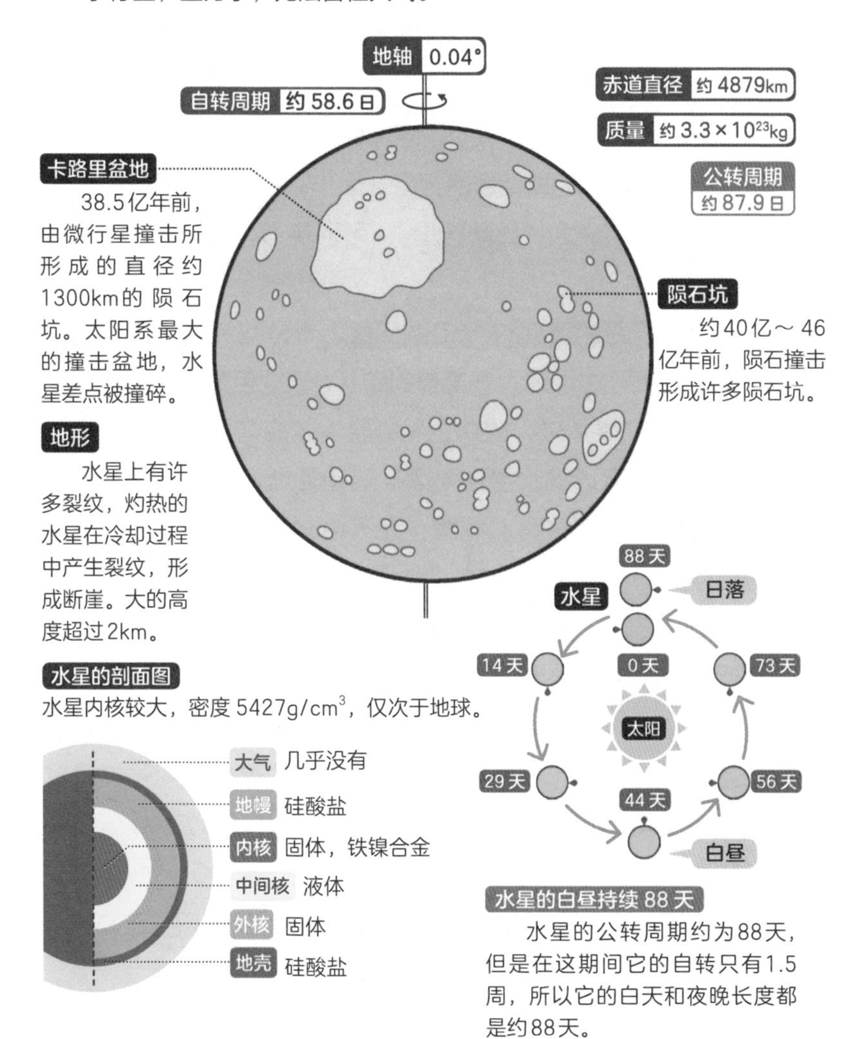

44 靠近地球却是炎热地狱？金星的结构特征

［太阳系行星］

虽然有大气，里面却是超高温。厚密的云层中会下硫酸雨！

金星是一颗与地球相邻的行星，大小和密度都与地球十分相似，因此一直被称为“兄弟行星”。可事实上，金星是一个与地球十分不同的行星。

金星的表面温度超过460摄氏度，十分灼热。它**具有浓厚的大气**，重量可达地球大气重量的约100倍，但是大气中不存在氧，96%为二氧化碳，因此金星的温室效应非常强烈，白天的温度比离太阳更近的水星还要高。天空覆盖着**厚重的硫酸云**，不断地降下硫酸雨并再次蒸发，大气中充满了硫酸，生物根本无法生存。

金星诞生时和地球一样也有液态水，但是由于金星比地球离太阳近4200万千米，水几乎都变成了水蒸气。

金星的公转周期约为225天，**但自转周期却为约243天，十分缓慢**。有趣的是，**金星的自转方向与地球相反**。虽然有观点认为，是小行星的碰撞使其地轴倒了过来，不过具体原因尚不清楚。

另外从地球上看，金星在黎明和傍晚时十分明亮。这是由浓厚的云层强烈反射阳光所致。

二氧化碳产生的温室效应带来高温

▶金星的特征

大气的主要成分为二氧化碳，被浓厚的硫酸云覆盖。

自转周期 约243日

赤道直径 约12104km

质量 约4.8×10^{24}kg

公转周期 约224.7日

伊师塔地

跟澳大利亚差不多大，位于北极附近。有标高11km的麦克斯韦山脉。

阿佛洛狄忒大陆

跟南美大陆差不多大，横亘于赤道附近。

地形

由火山活动形成的熔岩陆地。

硫酸云

在50～70km的天空，有3层云，由硫酸构成。

全年阴天的世界

浓厚的云层遮挡太阳光，因此全年昏暗，不断下硫酸雨。云层上方经常刮秒速达100m的强风，这叫大气层“超旋转”。

地轴 177.4°

金星的剖面图

大规模的火山活动现在仍很旺盛。

大气 二氧化碳（96%）
氮气（4%）

上地幔

地幔 硅酸盐

地核 液态铁 镍合金

地壳 硅酸盐

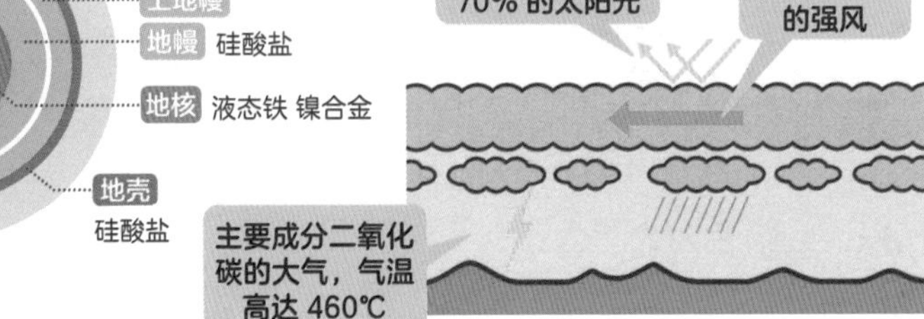

45 [太阳系行星] 火星上或许存在生命？火星的结构特征

现已明确，火星过去曾经存在海洋，地下可能存在水和生命！

以前曾有一个热点话题，说是**火星上住着外星人**。事情起因于意大利天文学家斯基亚帕雷利，他于1877年在火星表面观测到细条花纹。由于条纹的浓淡随季节变化，人们猜测这些条纹很可能是运河，火星上有可能存在高级生物，或许是它们建造了这些运河。

后来人们借助探测器发现，这些条纹图案并不是运河，只是火星凹凸起伏的地形，而且也不存在高级生物。

但是在1996年，细菌化石状物体的发现让人们再次讨论起火星生命存在的可能性。到了21世纪，人们又发现了**液态水流过的痕迹**（崖壁的水流侵蚀痕迹等）以及至少曾经存在过海洋而且很可能诞生过生命的环境证据（类似沉积岩的岩石）。因此，**人们认为现在火星地下仍可能有水和生命存在**。

火星的**平均气温约为零下50摄氏度，大气稀薄，仅为地球的 $\frac{1}{150}$**，大气成分95%为二氧化碳。

此外，因为火星表面呈红色，富含氧化铁（红色的铁锈），所以人们称之为火星。

含有二氧化碳稀薄大气的岩石行星

火星的特征

从地层和崖壁侵蚀推断曾经有液态水存在。

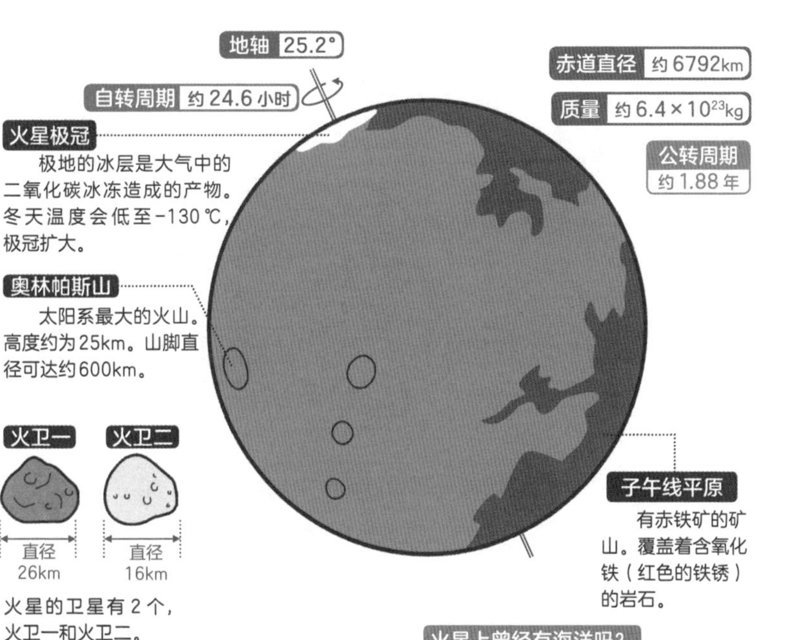

火星的卫星有2个，火卫一和火卫二。

火星的剖面图

基本构造和地球相同，但是核心温度低。

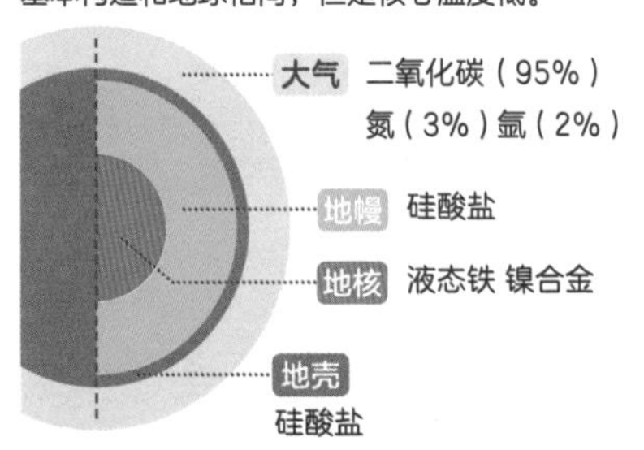

火星上曾经有海洋吗?

火星曾经和地球一样拥有浓厚的大气。气温也高，有大量的液态水。地表到处残留着水流沉积或侵蚀的痕迹。

海洋消失的理由

火星磁场消失、太阳风吹散大气、水逃逸至太空等，各种说法很多。但是火星上的水并不是完全逃逸到了太空，残留在地下的可能性仍然很高。

如果经过改良，人类可以在火星上居住吗？

火星基地必需设施

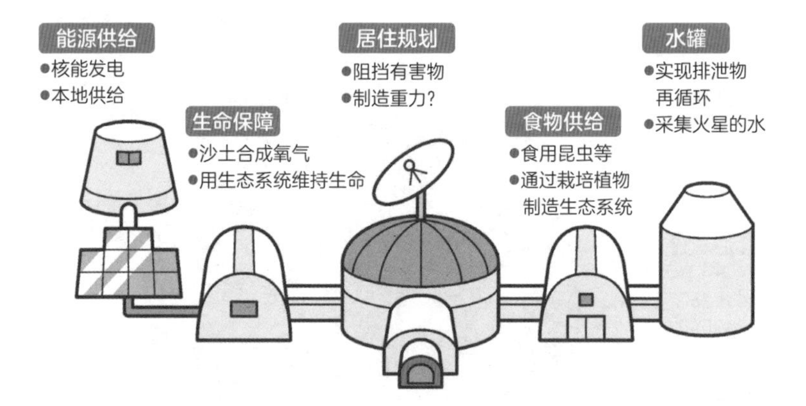

人们经常会讨论这样一个问题：火星靠近**宜居带**（第100页），说不定会适合人类居住。可实际上以火星现有的环境条件，确实不适合人类居住（下表）。人类想居住在火星，可以考虑以下方法：**❶建造火星基地；❷地球化**（外星环境地球化）。

不宜居的火星

- 火星的气压很低，仅为0.006个气压。
- 暴露于致命的太空辐射中。
- 平均气温-60℃。
- 夏季最高气温35℃。
- 冬季最低气温-110℃。
- 不毛之地（冰冻的极冠、沙漠和巨山）。
- 含高氯酸盐等危险物质的土壤。
- 地球到火星单程约需200天。
- 火星重力是地球的$\frac{1}{3}$。
- 沙尘暴弥漫星球，遮挡太阳。

❶ **火星基地**需要保证空气、保持气温、阻挡宇宙射线的房屋、发电机、水和食物。一些简单的设备和材料可以从地球带到火星，但如果不能实现自给自足，就无法长期移居。因此，借助机器人，利用火星上的土壤和水制造氧气和建筑物，这样的研究正在推进当中。不过由于人们几乎无法离开基地，一切生活任务似乎都要交由机器人来完成。

❷ 在**地球化**计划中，人们的目标是改变火星气候，将火星改良为类似地球的宜居环境。人们还有个计划，就是以融化火星极冠的方式增加大气中的水蒸气和二氧化碳，用温室效应的方式提高火星温度。该计划预计用时约100年，不过即使实施恐怕也无法达到地球大气压，甚至还存在大气逃逸到太空的风险，但是一旦进展顺利就会制造出光合生物和液态水，气候也会稳定下来。

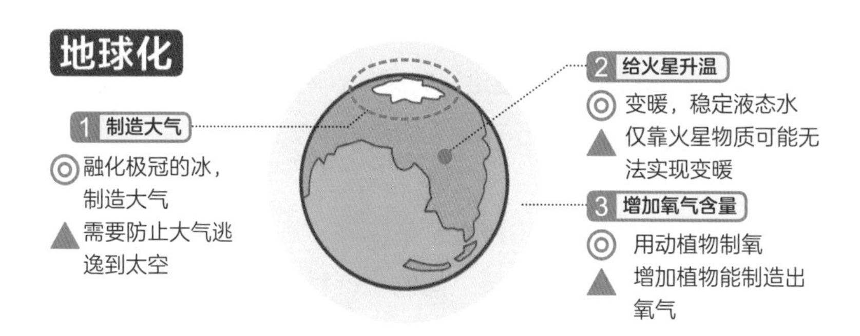

要想让人们脱下太空服，就需要为大气增加氧气，**这些目标预计需要10万年才能实现**。

此外，火星上没有足够的太阳能，微弱的重力也会给人们带来负面影响，总之问题很多。但还是希望人类能一步一步解决问题，为移居火星开拓道路。

46 火星和木星之间有一颗叫谷神星的矮行星？

[太阳系行星]

火星和木星之间有数百万颗小行星，还发现了一颗名为谷神星的矮行星！

从太阳的角度来看，与太阳之间的距离仅次于火星的是木星，但在火星与木星之间还有一条小行星带，分布着无数颗小行星，其中还有一颗矮行星，名叫**谷神星**。

小行星和行星一样围绕太阳旋转。大部分小行星的直径（或长轴）不到10千米。火星轨道和木星轨道之间有一条小行星带，分布着数百万颗小行星。这里聚集着太阳系诞生时曾互相碰撞却**没能形成行星的微行星**（图1）。

由于小天体重力小，很难形成球体，所以小行星基本都**呈马铃薯一样的椭圆形**。2005年隼鸟号探测器着陆的小行星“丝川”，也呈细长形状。

世界上最早发现的小行星是直径939千米的**谷神星**（图2）。虽然谷神星是在火星和木星之间的小行星带被发现的，但是从2006年起被分类为矮行星。太阳系的行星要满足：围绕太阳公转、近似球形和能清除其轨道附近的其他天体等3个条件。矮行星不能满足第3个条件。另外，冥王星也被划分为矮行星。

小行星是一种无法成为行星的小天体

小行星带所有的天体都和行星同方向公转（图1）

小行星带又叫主小行星带。数百万颗呈带状延伸的小行星与行星同方向公转。

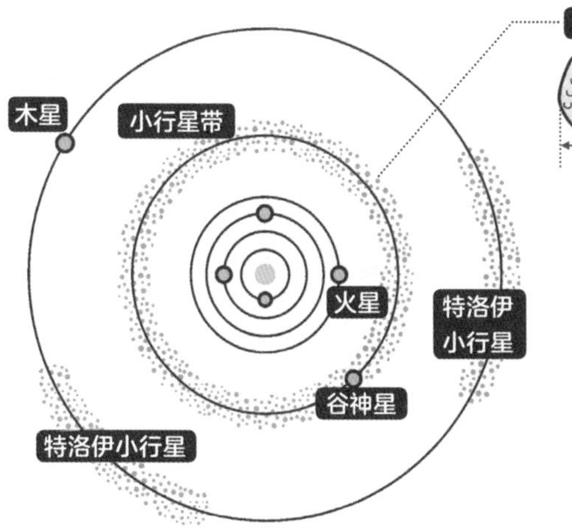

最大的小行星是智神星，长轴约580km。小行星带超过100km的小行星有200多个。

特洛伊小行星是什么？

行星公转轨道上的小行星群。由于位于轨道上的拉格朗日点（力学上的稳定点），因此行星和小行星群不会发生碰撞。

矮行星谷神星的特征（图2）

1. 有一座标高3900m的喷冰火山——阿胡拉山。
2. 因为表面会喷出水蒸气，可以知道它的内部有冰层。
3. 表面有无数的陨石坑，有些陨石坑阴影处有冰。

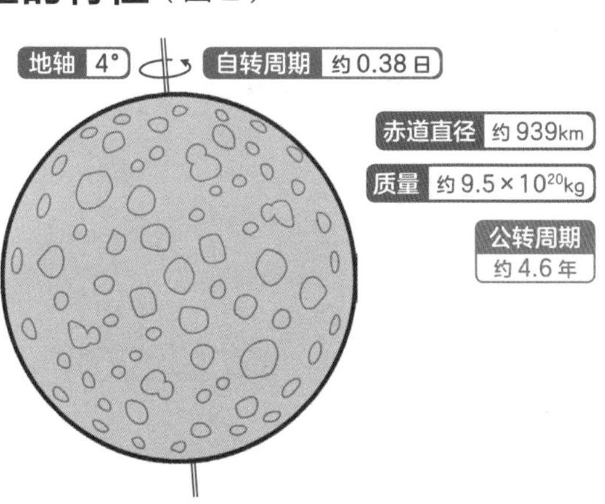

47 狂风肆虐的行星？木星的结构特征

[太阳系行星]

超高速自转产生猛烈强风，氨云随风而动！

木星是太阳系由内往外的第五颗行星，是太阳系中最大的行星，**它比地球大11倍**。木星的主要特征是条纹图案，条纹中**红棕色的部分叫作条，亮白的部分叫作带**。这种花纹是由以**氨为主要成分的云层**形成的。

木星的自转速度非常快，不到10小时就能旋转1周。因此，木星上空的风速每秒高达170千米。强风风向与赤道平行，不过随着向高纬度偏移，就形成了条纹。亮白的带状区域形成上升气流，红棕色条状区域产生下降气流。眼睛状的是旋涡，会出现在风向变化的区域，其中最醒目的旋涡叫**大红斑**，大小是地球的2倍以上。

木星几乎全由气体组成，其中约90%是氢气，10%为氦气，成分与太阳基本相同。木星的质量是地球的约318倍，是太阳系最重的行星，如果木星的质量能达到现在的80倍，就有可能和太阳一样发生核聚变，成为一颗恒星。

17世纪的科学家伽利略用自制的望远镜发现了木星的4颗卫星，现在已经确认木星**有72颗卫星**。

木星的风向与赤道平行

▶木星的特征

有与赤道平行的条纹。亮白色的部分产生上升气流，红棕色的部分产生下降气流。

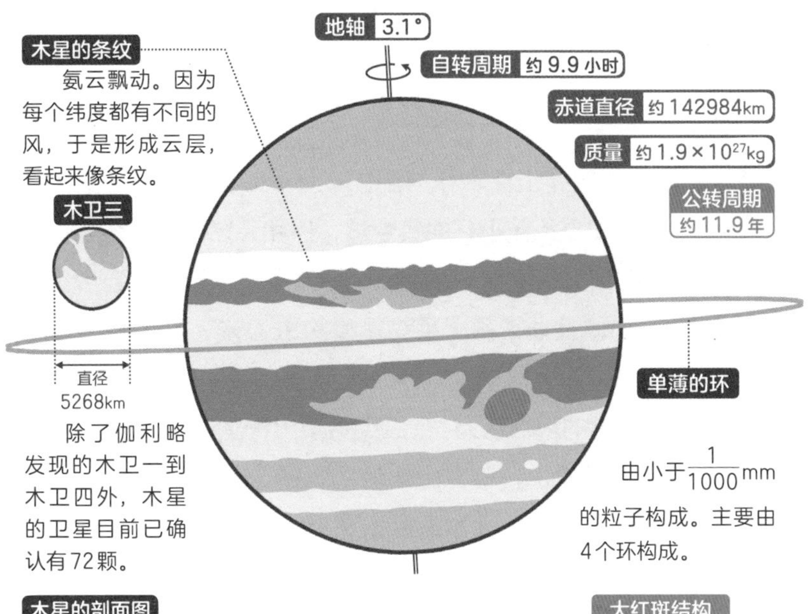

木星的剖面图

虽然中心有岩石和冰，可几乎全是氢气和氦气。

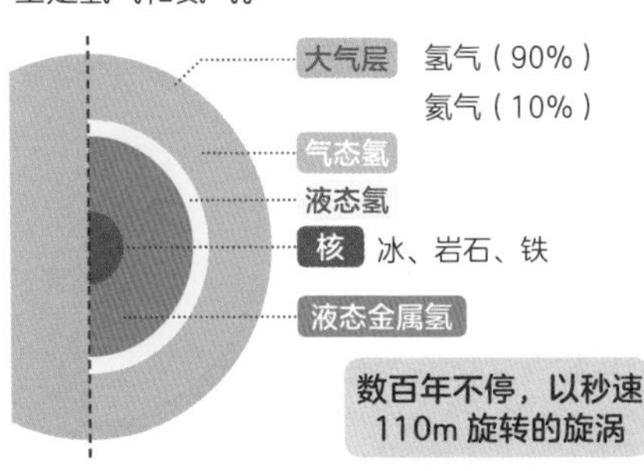

大红斑结构

大红斑是气体上升时产生的高压风暴旋涡。

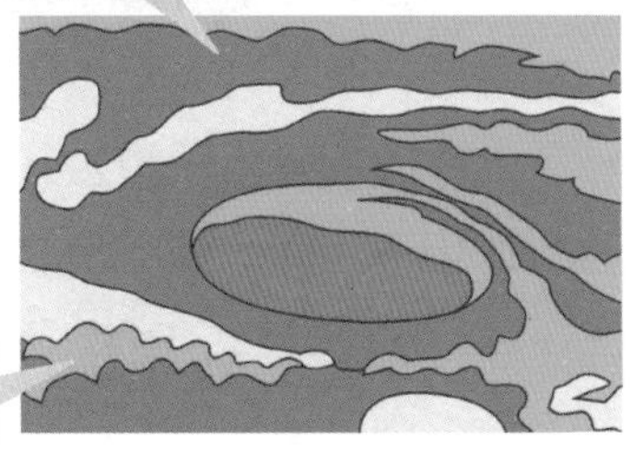

48 [太阳系行星] 巨大的土星环很薄？土星的结构特征

土星环是由小环汇聚而成，平均厚度只有150米左右。

一提起土星，人们立刻就会想到**巨大的环**。土星环的直径约30万千米，长度是土星本体的2倍以上。土星环看起来像一块板子，实际上却是**无数小环的集合体**，环和环之间有空隙。

环的主要成分是**水冰**。直径从数厘米到数米不等，混合着沙子和碳。环的厚度非常薄，**平均厚度约150米**，即使最厚处最多也只有约500米。

有一种有力的观点认为，**土星环是由小行星或彗星等天体碰撞形成的**。也就是说，在土星附近飞行的天体受到土星引力的吸引，被土星撞碎后，大量碎片汇聚在土星赤道表面，形成了一个环。

土星仅次于木星，是太阳系中第二大行星。土星本体主要由氢气构成，所以它的体积虽然大，重量却非常轻。**如果我们有一个可以容纳土星的超大泳池并将土星放进去，估计土星会浮在水面上**。

土星的自转周期约为10小时。由于土星自转速度快，在离心力作用下，南北极10%的体积被挤压掉。土星的北极有一个谜一样的巨大六角形图案，很可能是云层产生的波纹形状。

土星环平均厚度 150 米，非常单薄

土星的特征

土星是仅次于木星的太阳系第二大行星，但是密度最小，表面依稀可辨和木星类似的条纹及旋涡图案。

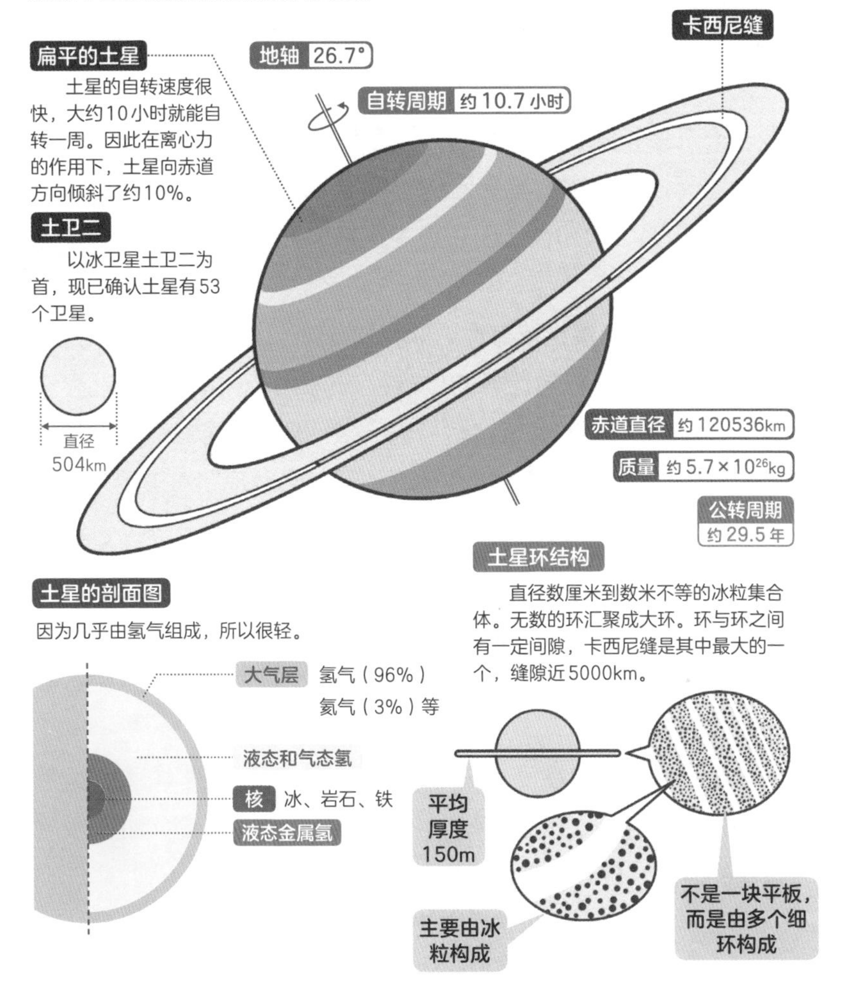

49 [太阳系行星] 类似的两颗行星？天王星和海王星的构造

大小、形状、颜色和构造都很相似的冰星。天王星是"躺"着公转的。

天王星和海王星是大小、构造都很相似的双子行星。人类用肉眼无法看到比土星更远的行星。由于望远镜的发明，人们在1781年第一次知道了**天王星**的存在（发现者是英国的天文学家赫歇尔）。

之后，**海王星**也依靠理论推测被发现。人们对天王星轨道进行调查时，发现它与计算的位置存在偏差，于是推测可能存在对天王星产生重力影响的其他行星，并推测出了海王星的存在。1846年，人类借助望远镜在预测位置果然发现了海王星（发现者是德国天文学家伽勒）。

天王星的直径约为51100千米，海王星的直径约为49500千米，可以说大小很相近。两者都有主要成分为氢和氦的大气。由于大气上层含有甲烷，所以两者都呈蓝色，并且两者都有**较薄的光环**。

两者的不同点在于，天王星是**"躺"着公转的**（图1）。虽然不知道确切原因，但是最有力的说法是在很久以前，由于原始行星的碰撞，导致天王星的自转轴发生倾斜。

另外，海卫一的公转方向与海王星的自转方向相反，是一颗罕见的"**逆行卫星**"（图2）。

覆盖在含有甲烷的大气之下的冰行星

天王星躺倒着公转（图1）

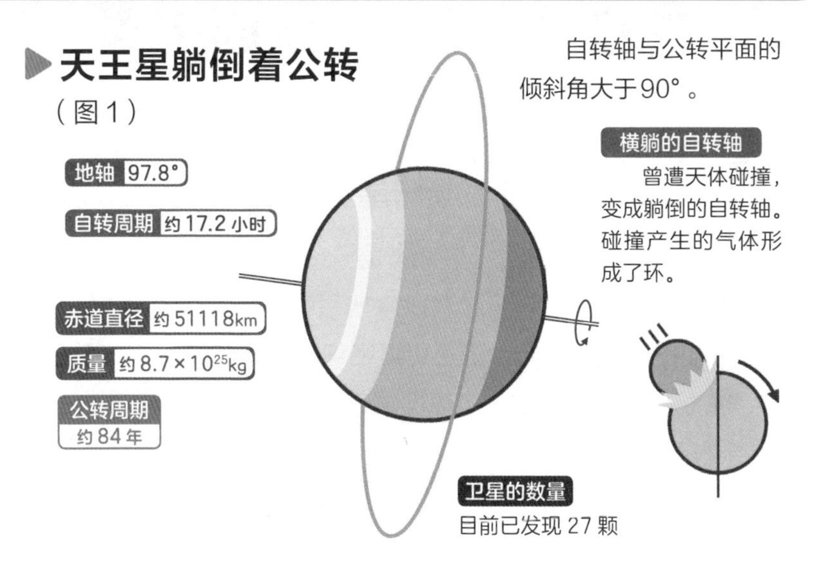

海王星有颗逆行卫星海卫一（图2）

海卫一是一颗公转方向与海王星自转方向相反的“逆行卫星”。

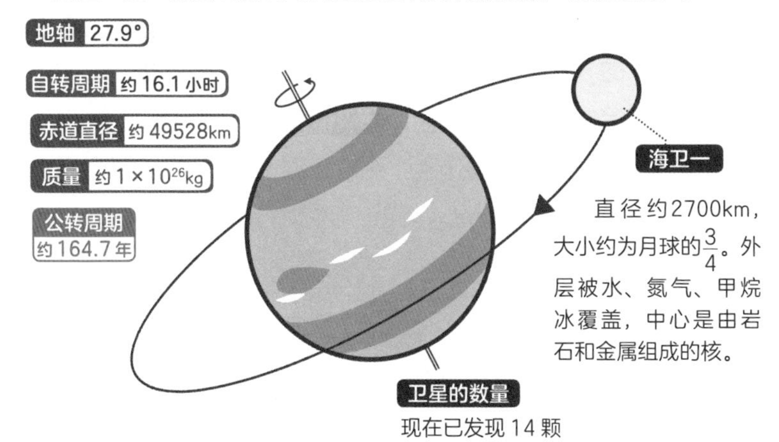

50 [太阳系行星] 不是行星而是矮行星？冥王星与太阳系外缘天体

曾被当作行星的冥王星，现在被降级为太阳系外缘天体中的矮行星！

冥王星自1930年被发现以来一直都被当作行星，但是在**2006年被降为矮行星**。冥王星直径约2380千米，比月球还要小，主要由冰和岩石组成，表面覆盖着甲烷冰。轨道是椭圆形，公转周期约为248年。

现已发现冥王星有5颗卫星。其中**最大的冥卫一**与冥王星的性质有很大差异，人们认为它很可能是在其他地方形成的。

现在我们已经知道，海王星外侧有一个面包圈状的区域。这一区域由无数个由岩石和冰形成的小天体组成，被称为**艾吉沃斯·柯伊伯带**。近年来，人们已经**在这个区域发现多个与冥王星差不多大的天体。**因此，冥王星就从行星等级降级了。

位于柯伊伯带的天体被称为**太阳系外缘天体**。现在发现的太阳系外缘天体已超过1000个。不过，据说实际数量要远高于此数量的1000倍。和冥王星差不多大的矮行星还有**阋神星、妊神星和鸟神星等**。

冥王星位于海王星外侧区域

▶柯伊伯带的矮行星

从海王星轨道（30AU）到55AU分布的天体群。直径在100km以上的天体有数十万个，预计彗星能有1万亿个。

冥王星

冥卫一

直径 1172km

直径 2377km

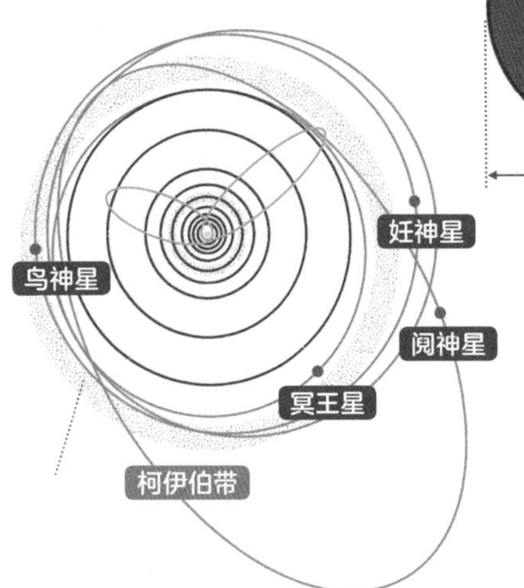

冥王星的表面温度在-230℃左右，被甲烷冰等覆盖，再下面是水冰，中心部分是由含水岩石组成的。冥卫一大小有冥王星一半左右，覆盖着冰。极点有被称为“魔多”的神秘暗域。

阋神星

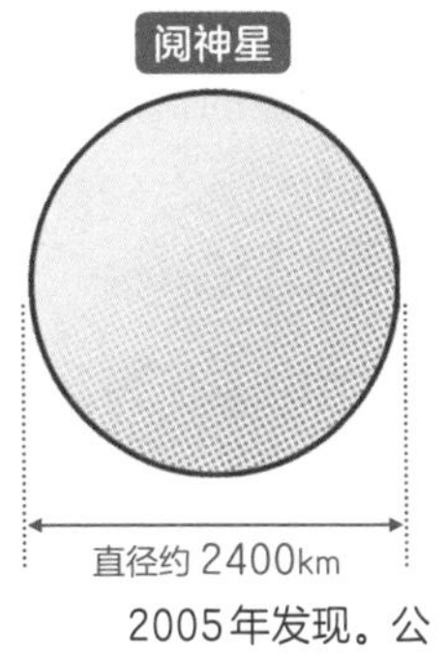

直径约 2400km

2005年发现。公转周期为561年。

妊神星

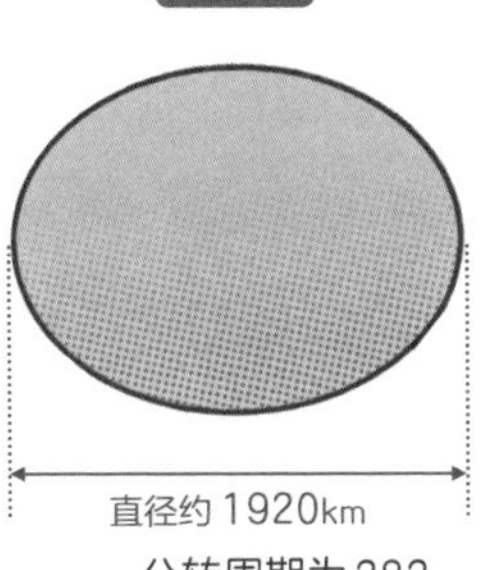

直径约 1920km

公转周期为282年。由于高速自转，球体发生扭曲。

鸟神星

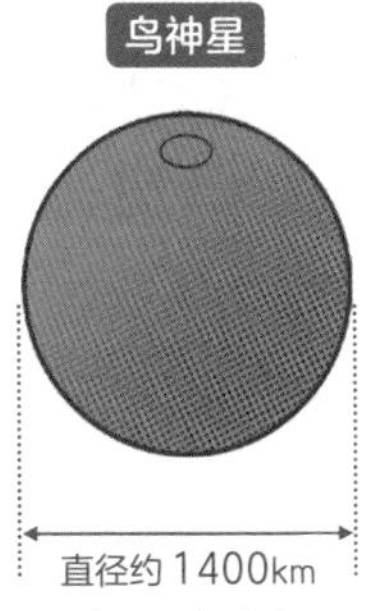

直径约 1400km

2005年发现。公转周期为305年。

幻想
科学特辑
7

人造太阳能成功吗？

能把木星变成太阳吗？（图1）

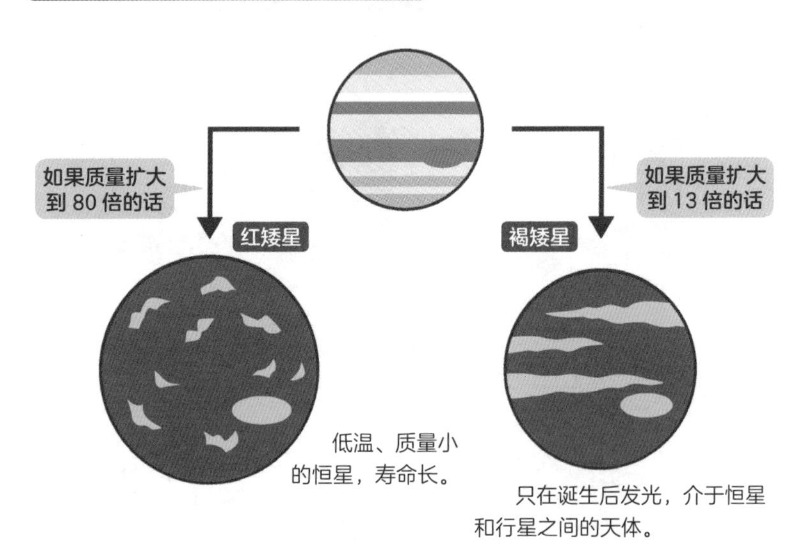

在太阳系中，太阳是不可或缺的。如果科学技术进步的话，人类能否成功制造出人造太阳呢？

太阳是通过氢与氦的核聚变反应释放出巨大能量的。所以**要想制造太阳，就需要大量的氢和氦**。如果在它们的中心能够形成约1600摄氏度的高温和2500亿气压的高密度反应条件，核聚变就会发生，星体也会开始发光。但是地球上根本没有足够的氢和氦来制造另一个太阳。

要想制造太阳，质量也很重要。如果恒星的质量达不到太阳质量的8%以上，氢核聚变就无法连续发生。那么，**把太阳系最大的行星——木星改造成太阳的办法是否可行呢？**

由于木星的质量只有太阳的约0.1%，因此，还须把它加重到80倍左右。事实上，即使把太阳系其他7颗行星全加在一起，也不够太阳质量的8%。

如果抛开氢核聚变方法，倒是还有一个手段——利用氘核聚变的**褐矮星**。如此一来，只要**质量达到木星的13倍就能变成恒星**。不过，这需要等待数十个木星级的系外小行星与木星相撞的契机出现（图1）。

如果有制造黑洞的技术，还可以在木星上镶嵌微型黑洞来增加其质量。不过，考虑到将来黑洞会出现扩大的可能，因此该设想不被认可。

此外，**核聚变发电**现在也在开发中（图2），这等于在地球上制造迷你太阳，用它的能量发电。如果研究顺利，制造出第二个太阳也并非不可能。

核聚变发电的原理（图2）

如果将等离子体加热至1亿摄氏度以上，就会发生氘核聚变反应，可用于发电。

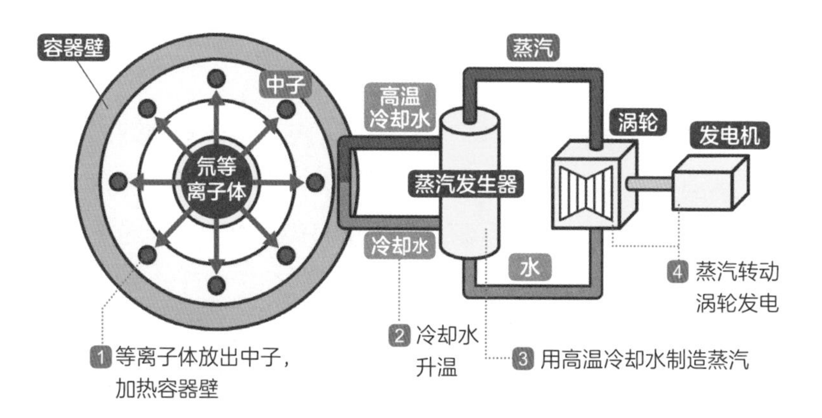

51 夜晚为什么能看到行星？

[太阳系行星]

可以在太阳附近观测到水星和金星。在太阳的背侧能找到火星、木星、土星！

即使仰望天空，一般人也很难找到行星的位置。那么，怎样才能找到行星呢？

水星和金星叫作**内行星**，即从地球上看是位于太阳一侧的行星。因为距离太阳不是很远，所以夜晚是看不见的。只有当黎明和傍晚，阳光很弱的时候才能看到。**当太阳和内行星距离最远，即大距时，才是最佳观察时机。**水星每年会发生6次大距。至于金星，虽然有些年份不会发生大距，但因为它的亮度高，还是容易找到的。

火星、木星、土星叫作**外行星，在地球外侧旋转**。与内行星相反，**在太阳另一侧时观察效果较好**，此时从日落到日出的一整晚都可以观测。

火星绕过黄道十二星座（第210页）需要花约2年时间。木星和土星虽然距离很远，但因为星体较大，看起来非常明亮。木星的公转周期约为12年。因此，木星每年要将黄道上的十二星座一一绕遍。

土星的公转周期约为30年，每2.5年将十二星座绕行一遍，所以只要记住位置就会很快找到。**但要注意的是，天王星和海王星用肉眼是看不到的。**

内行星和外行星的观察方法不同

在可见方向观察

内行星在黎明和傍晚时观察

内行星超出与太阳的角度范围是看不到的。最好在大距时选择早晨或晚上在太阳附近寻找。

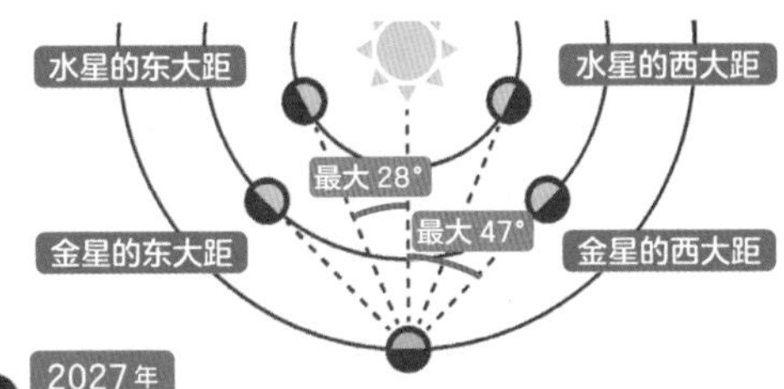

2029年 3月29日
2027年 2月20日
火星
地球
2025年 1月12日
2031年 5月12日
2033年 7月5日
2022年 12月1日
2035年 9月11日
2020年 10月6日

火星要在靠近时观察

火星在太阳另一侧时难以观察，当它每隔2年2个月接近地球时，会格外明亮。左图为地球和火星最为接近的日期。

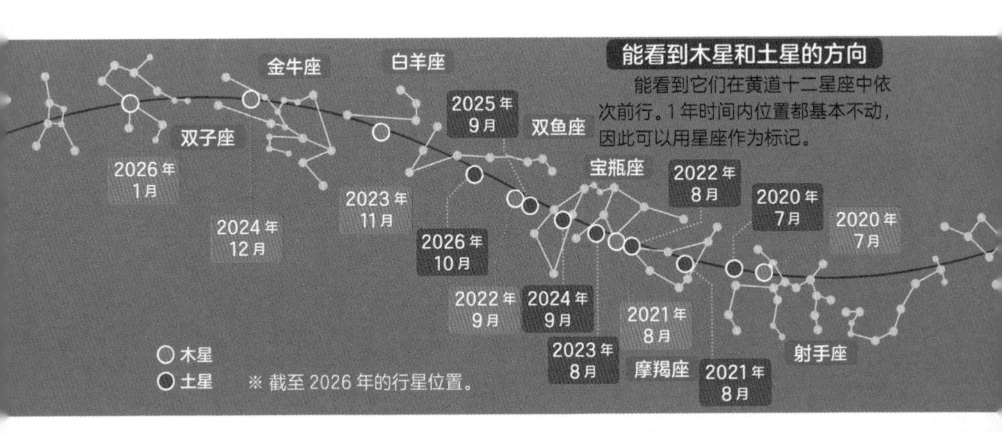

能看到木星和土星的方向

能看到它们在黄道十二星座中依次前行。1年时间内位置都基本不动，因此可以用星座作为标记。

52 流星是什么？

[其他天体]

流星是超高速微粒压缩大气发光的现象。如果这一现象在同一时期频繁出现，就被称为流星雨！

夜空中转瞬即逝的流星，构造是什么呢？

流星是指太空的微粒压缩大气而发光的现象。在无数的微粒中，那些靠近地球的微粒会因为地球的引力飞入大气层。超高速的微粒挤压前方空气，空气遭压缩产生热量，**微粒因此蒸发，变成等离子体而发光。**

这些微粒中既有数厘米的小石块，也有0.1毫米以下的极小尘埃。虽然体积小，但升至高温后也会发出强光，因此肉眼也能看到闪耀的流星。

流星包括不知何时会出现的**散乱流星**以及同时大量出现的**流星雨**。流星雨是由彗星发出的尘埃形成的。当地球穿过彗星轨道时，彗星以前散落的尘埃就会大量落到地球大气中并发光。流星雨几乎每年都会在固定时间和固定角度的某一点出现，这一点被称为辐射点。如果辐射点方位有星座，流星看上去仿佛从这个星座飞出的一样，因此被赋予了诸如“英仙座流星雨”“狮子座流星雨”等名字（图2）。

地球横切彗星轨道时能看到流星

▶流星的结构原理（图1）

太空中的微粒因地球引力飞入大气层，变成流星。

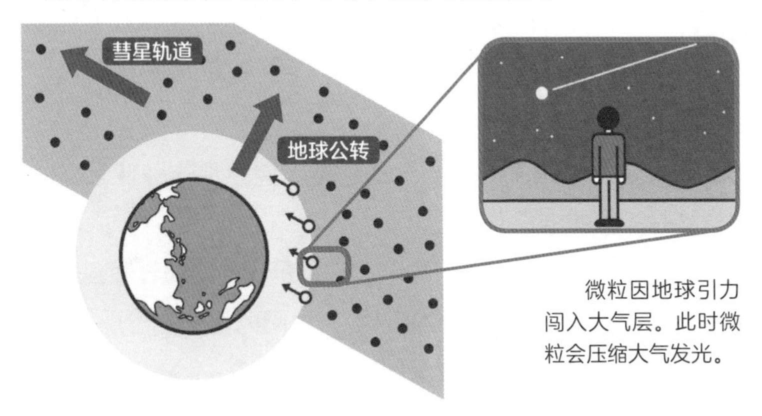

微粒因地球引力闯入大气层。此时微粒会压缩大气发光。

▶为什么流星会呈放射状？（图2）

当地球穿过与彗星轨道的交点时，微粒群会朝一个方向平行运动飞入大气，但由于远近距离感，人们看到的流星呈现出由一点呈放射状飞逝的样子。

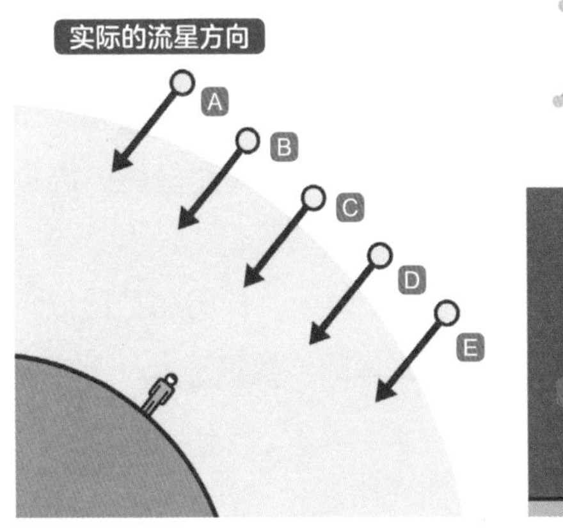

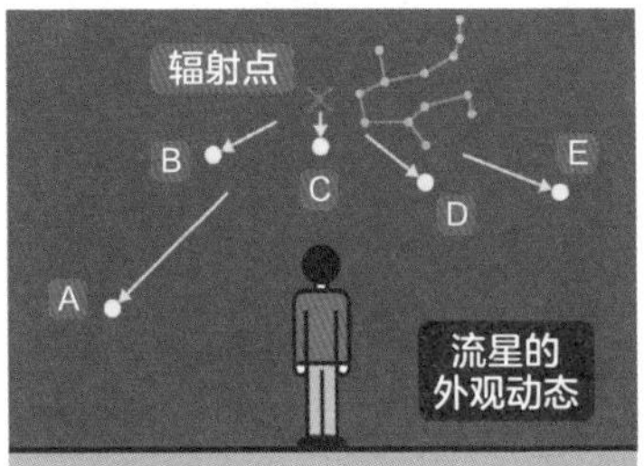

53 从宇宙飞来的彗星是什么？

[其他天体]

彗星是尘埃和冰形成的“脏雪球”，在太阳的热量下蒸发，形成了一条长长的尾巴！

有时被人叫作“扫把星”的**彗星**，究竟是一种什么样的星体，又是怎样的结构原理呢？

其实“彗”字有**扫帚**的意思。彗星是一种沿细长椭圆形轨道绕太阳公转的天体，靠近太阳时会在太阳的另一侧出现长尾巴。因为样子和扫帚很像，所以又叫扫把星。

彗星的主体是彗核，由大小数千米到数十千米的冰和尘埃构成。冰的主要成分为水，另外含有二氧化碳和甲烷等，尘埃就是岩石颗粒。当彗核接近太阳时，表面因热蒸发，整个彗核被包裹在人称彗发的大气中并开始发光，然后喷出气体和尘埃。**气体和尘埃受到太阳风和太阳光的压力，形成与太阳逆向延伸的长尾巴**（图1）。

彗星的公转周期有两种，小于200年的**短周期彗星**和大于200年的**长周期彗星**。著名的哈雷彗星就是短周期彗星，周期为76年，我们下次看到它的时间是2062年。

短周期彗星来自柯伊伯带（第140页）附近，长周期彗星很可能来自位于太阳系边缘的小天体分布区域的“**奥尔特云**”（图2）。

彗星有短周期和长周期两种类型

▶彗星的真身是冰块（图1）

虽然又大又长的彗尾很醒目，不过彗星的真身却是数千米到数十千米的冰块。彗尾是冰融化后喷出来的物质。

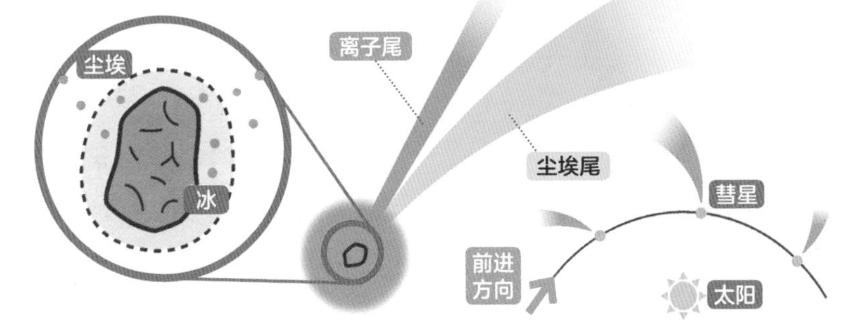

彗星靠近太阳后，彗核的冰融化，气体（等离子体）和尘埃朝太阳反方向喷出。

▶奥尔特云与彗星（图2）

荷兰天文学家奥尔特认为，一个天体群呈球状包围着太阳系，长周期彗星就来自这里。该天体群被叫作“奥尔特云”。从太阳到它的外缘距离很远，据称有1万～10万AU（0.1～1.58光年）。

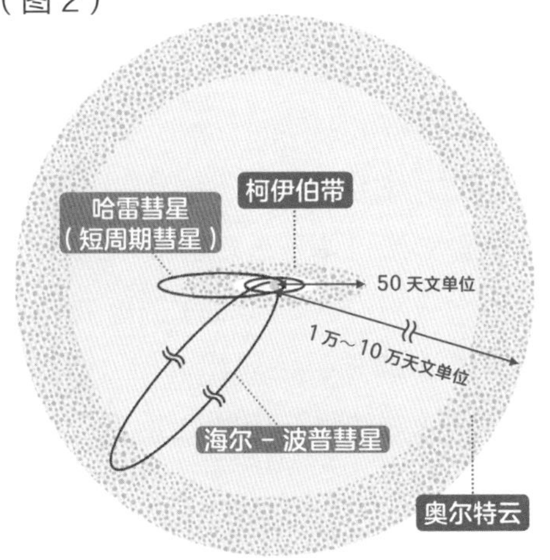

54 陨石是什么？和流星有什么区别？

［其他天体］

在大气中未燃尽而落下的石头是陨石。流星是压缩大气发光的东西！

流星也好，陨石也罢，都是受地球的引力从宇宙飞入地球的。那它们的区别是什么呢？

冰和岩石可以从地球外侧飞到地球。此时，通过**压缩大气而发光的物质叫作流星**（第146页），**没有蒸发而落下来的石块叫作陨石**。

在陨石中，大部分由岩石构成的陨石叫作**石陨石**，大部分由铁和镍构成的叫作**陨铁**（图1）。

地球上现存的最大陨石是在非洲纳米比亚发现的霍巴陨铁。直径约为2.7米，重量达60吨。日本最大的陨石是在滋贺县大津市发现的田上陨铁，重约174千克。

陨石在太空期间不会被侵蚀，因此被称为**太阳系化石**，记录着远古太阳系的状况。事实上，我们弄清太阳系诞生于46亿年前，就是通过调查古老陨石得到的结果（图2）。

南极昭和基地附近的大和山脉，因极易采到陨石而闻名。掉在冰盖上的陨石会随冰川一起被运走，遇到山脉后停下。**日本在南极采集的陨石有16000块以上**。

陨石是记录太阳系初期情况的“化石”

▶小行星碎片容易成为陨石（图1）

就算成为发光的流星，那些大型的碎片也会因燃烧不尽而落下来。

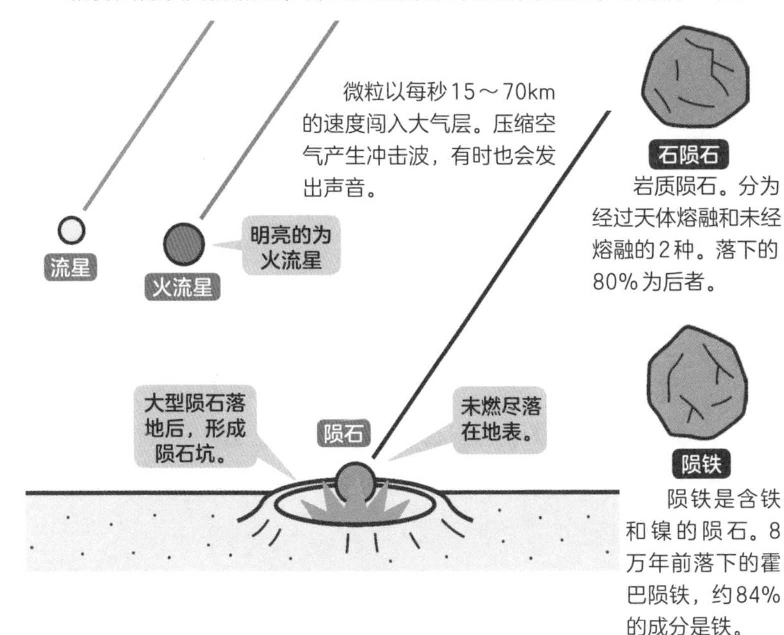

石陨石

岩质陨石。分为经过天体熔融和未经熔融的2种。落下的80%为后者。

陨铁

陨铁是含铁和镍的陨石。8万年前落下的霍巴陨铁，约84%的成分是铁。

▶从放射性元素的含量可知陨石年龄（图2）

放射性元素会一面放出射线一面衰变。通过测量陨石中放射性元素的含量和衰变后的元素含量，能计算出陨石的年龄。

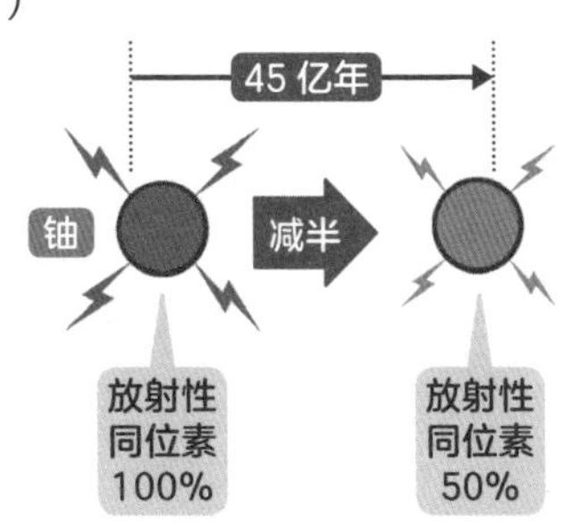

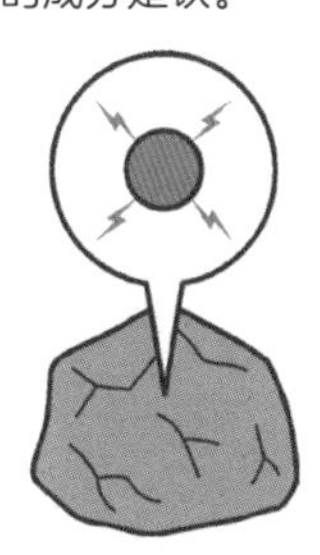

提取陨石中含有的元素，就能测出陨石的年龄。

55 [太阳系行星] 宜居带之外也有水和生命的存在吗？

木卫二和土卫六等几个天体上存在水的可能性较高！

生命的维持离不开**液态水**。恒星周围存在液态水的区域称为宜居带（第100页），但是除此之外，还有一些天体也被认为存在液态水。

首先是**木卫二**。木卫二表面有褐色斑点和条纹，人们认为这是冰融化后的痕迹。基本可以确定，在厚达数千米至30千米的冰层下面有**深达100千米左右的海**。地球的深海有热水喷发口，那里生存着微生物等生物。如果木卫二海底也有喷发口，那么生物存在的可能性将会很高（图1）。

其次是**土卫六**。通过探测器卡西尼已经探知，土卫六存在**液态甲烷和液态甲烷湖**，另外还有以甲烷和氮气为主要成分的浓厚大气。由于这种环境与原始地球很相似，人们认为那里可能存在原始生命（图2）。另外，据说**土卫二上有一片海洋**。虽然表面覆盖着冰，但是有间歇泉从裂缝中喷出。

由此看来，在宜居带外也存在水，**可能还会存在外星生命**。

木星和土星的卫星上或许存在生命

可能存在深海的木卫二（图1）

虽然表面被冰覆盖，可冰的下面可能是海洋。

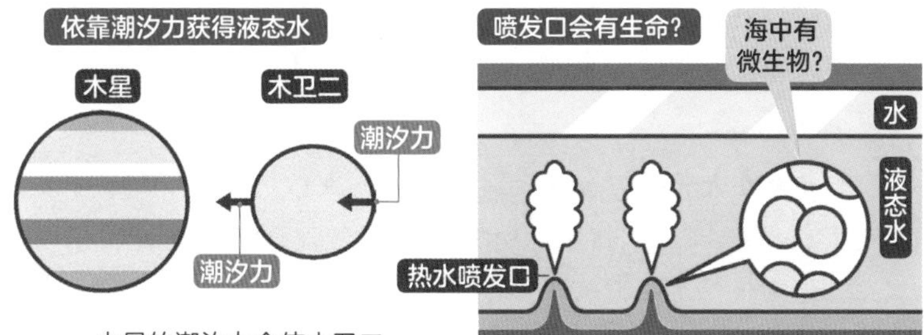

木星的潮汐力会使木卫二的岩石扭曲产生摩擦热。热量使木卫二的冰融化，变成水。

地球海底的热水喷发口是生命的宝库。木卫二如果也具有喷发口，那么生命存在的可能性极高。

和原始地球类似的土卫六（图2）

土卫六的环境和原始地球类似，因此有可能有生命存在。

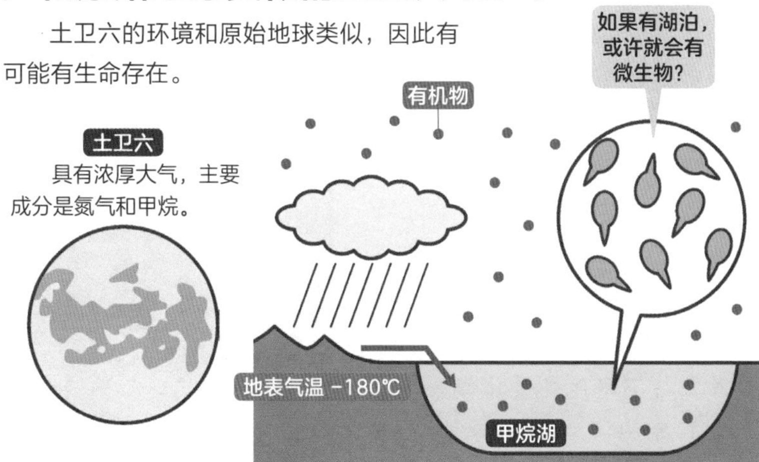

紫外线使大气中产生了有机物，形成甲烷雨降落。

依据老师的观测数据证明了日心说

约翰内斯·开普勒

（1571—1630）

开普勒是一位德国天文学家。他利用老师第谷·布拉赫的天文观测数据，发现了关于行星轨道和行星运动的规律。开普勒定律为数学上证明“日心说”提供了有利条件，并为发现牛顿万有引力定律奠定了基础。

开普勒在大学学习神学的过程中对天文学产生了兴趣。毕业后他做了数学老师，在教课的同时研究如何设计“日心说”宇宙模型，之后他担任了长期从事高精度天文观测的第谷的助手。

当时的人们普遍认为行星按正圆轨道运动。开普勒在分析第谷十多年的庞大观测数据时，发现火星的运动轨道是椭圆形。以此为切入点，他推导出了开普勒三大定律：1. 所有行星围绕太阳运动的轨道都是椭圆形的，太阳处在椭圆的一个焦点上（椭圆定律）；2. 在同样的时间里，行星和太阳的连线在相等的时间间隔内扫过的面积相等（面积定律）；3. 行星公转周期的平方与它同太阳距离的立方成正比（调和定律）。

开普勒的身体并不强壮，在研究过程中因瘟疫和接连的战乱，他经常辗转奔波，频繁更换工作和住所，生活很不轻松。但是在发现三大定律后，正如他所说的“我实现了当初的天文梦”，正是他的坚持不懈，终于让他的初衷变成了现实。

第3章

关于宇宙的技术与最新研究

太空望远镜、空间站、人造卫星……
我们利用各种最新技术研究宇宙、利用宇宙。
在这一章中，
让我们看一看最新技术和宇宙的关系。

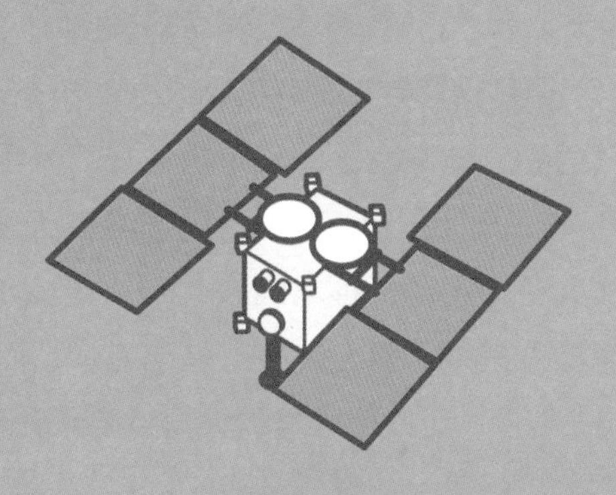

56 观测宇宙的望远镜，为什么能看得如此遥远？

[望远镜]

因为可以观测天体释放的电磁波。还有可以捕捉重力波的望远镜！

望远镜可以让我们看到遥远的宇宙，甚至还可以观测到那些在宇宙中无序运转的天体，那么，你知道我们是如何实现“望远”的吗？

我们仰望夜空能看到满天繁星，这是因为我们的眼睛能感知来自宇宙的**光（可见光）**。普通望远镜可以捕捉这些光线，将远处的物体呈现在眼前。但是如果仅靠光线，我们只能观测到天体和天文现象中极少的一部分。因为天体中只有温度高的恒星和银河才会发光，所以我们需要捕捉其他**电磁波**。

电磁波是指可见光、无线电波、红外线和紫外线等各种波，一般根据**波长不同**来划分种类（图1）。宇宙中的各种天体，即使自身不发光也大都会发出这些电磁波中的某一种。

为此，人们发明了能够捕捉可见光以外的电磁波的望远镜。由于穿透大气层到达地球表面的只有可见光、无线电波、红外线和紫外线的一部分，所以人们还发射了**科学（天文）卫星和太空望远镜**，从太空中观测各种电磁波（图2）。自2015年起，引力波望远镜也加入进来。**引力波**并不是电磁波，而是空间扭曲以波的形式向外传播，可以用来观测黑洞相撞等现象。

光和紫外线都属于电磁波

▶电磁波的波长与分类（图 1）

在电磁波中，肉眼可感知的光（可见光）只是极小一部分。天体和天文现象会发出光以外的各种电磁波。

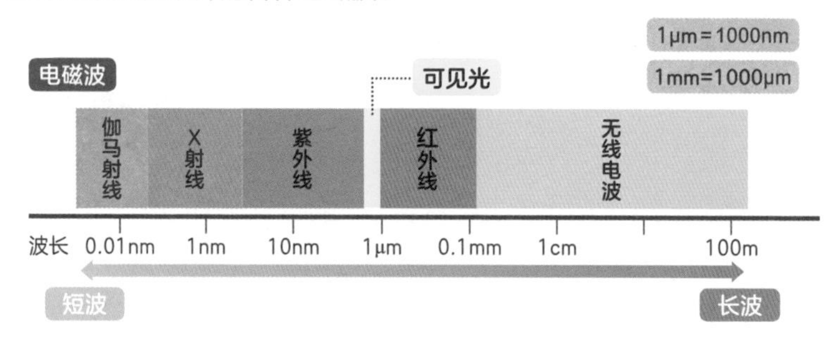

▶各类望远镜（图 2）

如果仅靠地面上的望远镜，我们只能捕捉到部分来自宇宙的电磁波，因此，我们又发射了科学卫星等，也可以从太空中观测天体和天文现象。

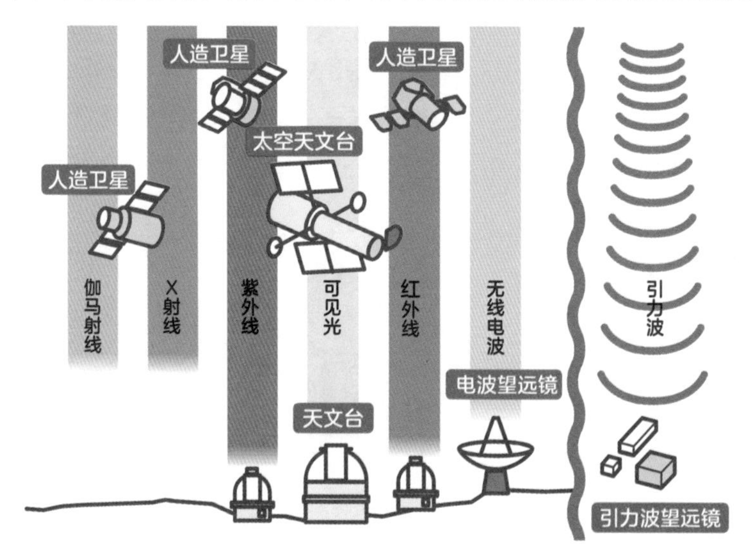

57 下一代的望远镜是什么样的？

［望远镜］

世界各国和 NASA 等正在着手开发大主镜望远镜！

我们在第156页介绍了可用于捕捉电磁波和引力波的望远镜，那么最新的望远镜是什么样子的呢？让我们通过下一代望远镜计划来了解一下吧。

TMT（Thirty Meter Telescope）是由美国、加拿大、中国、印度和日本五国共同在美国夏威夷岛的冒纳凯阿火山顶上建造的望远镜（图1）。**望远镜的主镜口径（直径）越大，可收集的天体的光就越多**，性能也就越好。日本性能最高的昴星团望远镜——主镜口径只有8.2米，而TMT的主镜**口径为30米**，它的聚光能力约为昴星团望远镜的13倍。据说，TMT望远镜竣工后，可以调查宇宙早期的样子，或是寻找与地球环境相似的太阳系外行星。另外，ESO（欧洲南方天文台）正在建造口径达39米的望远镜。

詹姆斯 · 韦伯太空望远镜（JWST）是以NASA为中心联合研发的红外线观测用太空望远镜（图2）。现有的哈勃太空望远镜在离地面约600千米的轨道上运行，而JWST在太阳另一侧约150万千米的位置。相对于哈勃望远镜2.4米的主镜口径，詹姆斯 · 韦伯太空望远镜的主镜口径**约6.5米**，主镜面积是哈勃望远镜的7倍之多，据说可观测宇宙大爆炸2亿年后的宇宙。

用最新的望远镜观测宇宙早期样貌

▶ TMT 的结构（图 1）

夏威夷冒纳凯阿火山顶上所建的光学望远镜 TMT 的竣工概念图。

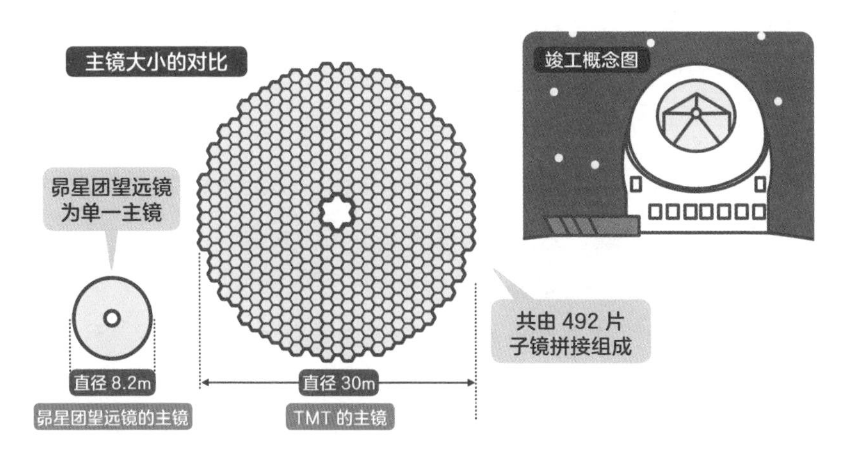

▶ 詹姆斯 · 韦伯太空望远镜的结构（图 2）

预计 2021 年发射。期待揭开宇宙之谜。

太空望远镜的结构

在阻挡太阳光的同时，利用主镜收集来自宇宙的红外线，并反射到副镜上进行观测。

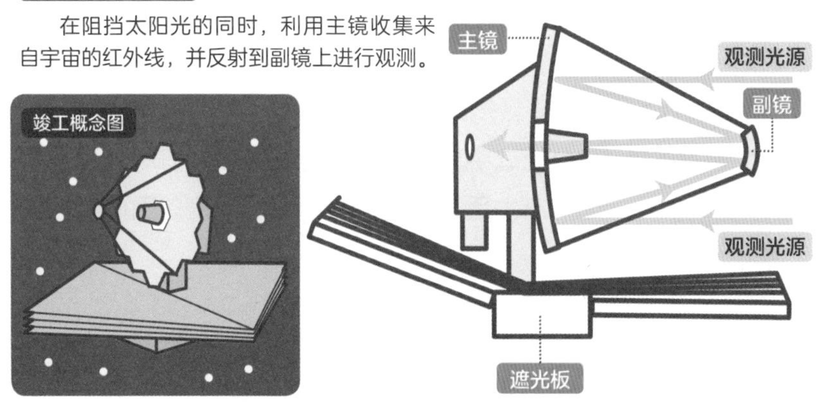

58 [火箭] 为什么喷气式飞机无法飞到太空？

飞往太空需要储存氧气，并需达到 7.9 千米/秒以上的速度！

不论飞机（喷气式飞机）还是火箭，都是依靠从尾部喷射气体飞行的，但是，为什么只有火箭能飞往太空呢？

一方面，**太空中没有氧气**是喷气式飞机无法飞向太空的原因之一。喷气式发动机需要用空气中的氧气燃烧燃料，因此无法在没有空气的太空中飞行。另一方面，**火箭可以同时储存燃料和氧气**，因此即使在太空中也可燃烧燃料为飞行提供动力。

火箭可以进行太空航行的另一个理由是**速度**。即使是高性能喷气式战斗机，**最高时速也只有3500千米**，最大飞行高度也只有3万千米。要将人造卫星送入轨道需要最低**7.9千米/秒（28400千米/小时）**的速度，也就是所谓**第一宇宙速度**。

进一步说，想要克服地心引力飞向月球，或者向火星、木星发射探测器，需要最低约**11.2千米/秒（40300千米/小时）**的速度，这被称为**第二宇宙速度**。火箭即使在没有氧气的地方也可以燃烧燃料，产生足以摆脱地心引力的速度，因此才能飞向太空。

喷气式飞机飞不到很高

飞向太空需要的速度

为了将人造卫星送入轨道，需要最低约7.9千米/秒（28400千米/小时）的速度。而要去月球，或是往火星、木星上发射探测器，需要至少约11.2千米/秒（40300千米/小时）的速度。

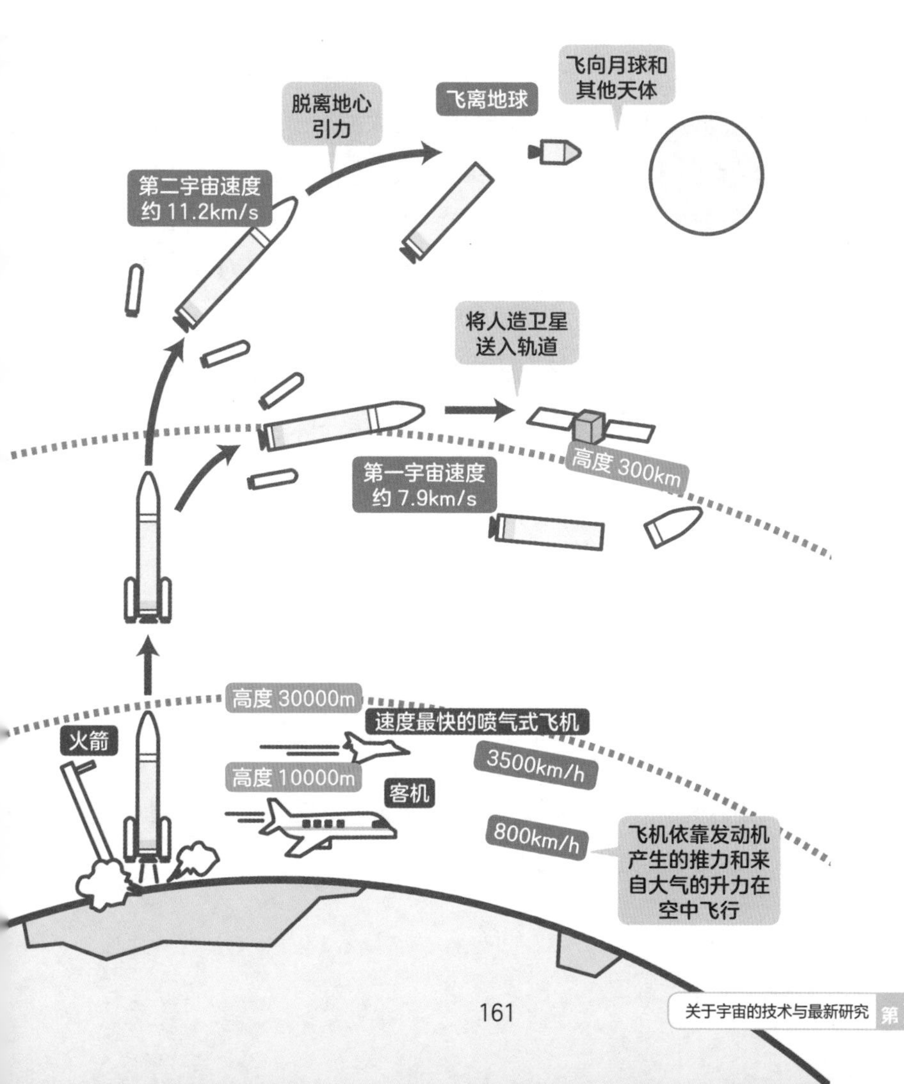

59 火箭有哪些种类？

［火箭］

火箭有各种各样的类型，有的可以发射手掌大小的卫星，有的可以发射宇宙飞船！

美国、俄罗斯、欧洲航天局（ESA）、中国、印度和日本等国，都拥有能够发射人造卫星和探测器的大型火箭。

2011年航天飞机退役后，美国一直靠**俄罗斯的“联盟号”**等往国际空间站（ISS）运送宇航员和物资。在此期间，一些私营企业代替NASA，开始研发火箭和宇宙飞船。2020年5月，美国私营企业太空探索技术公司（SpaceX），成功发射了载有两名宇航员的**宇宙飞船“龙”和大型火箭“猎鹰9”**，并顺利将宇航员和货物送至国际空间站。

日本是继俄罗斯、美国、法国之后世界上第四个发射人造卫星的国家。自1955年太空探索开始以来，已有很多火箭问世，目前正使用的是液体燃料火箭**H-ⅡA**、**H-ⅡB**，固体燃料火箭**艾普斯龙运载火箭**。H-ⅡA · B的升级版**H-Ⅲ火箭**正在研发当中。

最近出现了手掌大小的小型人造卫星，火箭也在向小型化、低成本化方向发展。吉尼斯世界纪录认定：JAXA（日本宇宙航空研究开发机构）在2018年发射的“**SS-520**”第5号火箭，是发射人造卫星的“世界最小级别的运载火箭”。

用超小型火箭发射超小型卫星

美日的主要火箭

日本发射人造卫星和行星探测器的常用型号为H-ⅡA、H-ⅡB、艾普斯龙运载火箭。

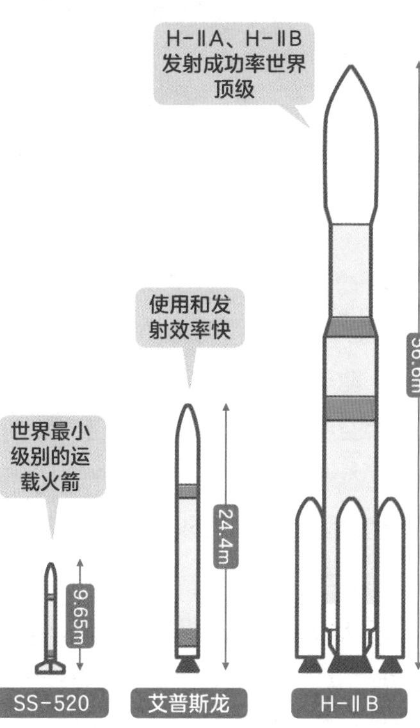

自1994年研发H-Ⅱ系列以来，时隔25年的全新型号

63m

H-Ⅲ

分离的第一级火箭可以回收再利用

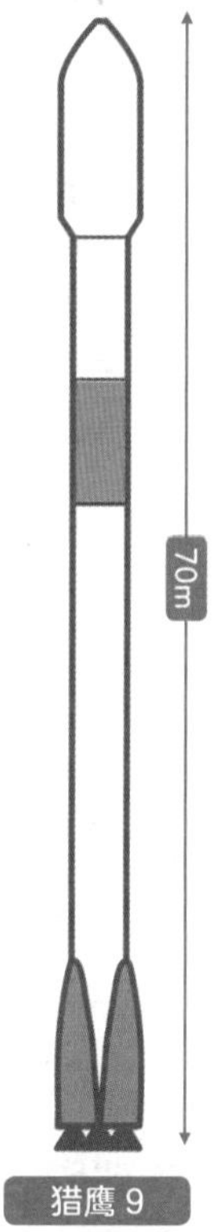

SS-520 用于发射超小型卫星（4kg左右）。

艾普斯龙 简易、性价比高的固体燃料火箭。用于发射小型卫星。

H-ⅡB 装载液氢和液氧的液体燃料火箭。用于发射人造卫星和为国际空间站提供物资补给。

H-Ⅲ H-ⅡB升级版，日本下一代大型主力火箭。预计将在2021年发射试验型号。

猎鹰9 由SpaceX公司制造，装载液氧和煤油（灯油）的液体燃料火箭。

能在太空制造

小行星合体型宇宙飞船（图1）

可想象为一种可与小行星合体并从中吸收水分作为燃料的宇宙飞船。

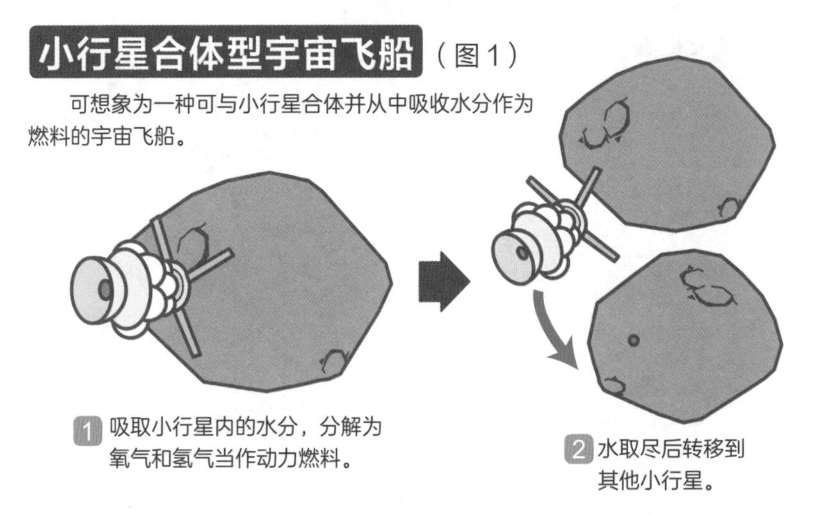

1 吸取小行星内的水分，分解为氧气和氢气当作动力燃料。

2 水取尽后转移到其他小行星。

火箭整体重量的约9成都是燃料。几乎所有的燃料都用于从地球飞往太空的途中，因此，从地球搭载宇宙飞船这样的重物价值不高。那么我们能否**使用太空中的物质来制作宇宙飞船的替代品**呢？比如小行星之类。因为太空中只有一些微量气体，不需要飞机那样的机翼，所以即使是表面凹凸不平的小行星，只要装上发动机就可以轻松起飞。

实际上，人们正在研究如何使**用探测器捕捉小行星，把它送到地球附近**，并且在研究将小行星改造成宇宙飞船的可行性。捕捉小行星计划的内容是，把小行星收纳于探测器内，再用电力推进引擎，缓慢改变轨道，令其向目的地移动。

若是含有水和冰的小行星，只要将抽出的水进行电解，就能得到氧和氢等燃料。人们所研究的，就是用这些燃料作助推力的**合体型宇宙飞船**（图1）。

宇宙飞船吗？

小行星型宇宙飞船（图 2）

用载有挖掘机和 3D 打印机的宇宙飞船，将小行星改造成宇宙飞船。

1 让宇宙飞船和小行星合体，再送无人机过去。

2 用激光挖掘小行星内部，用无人机收集材料。

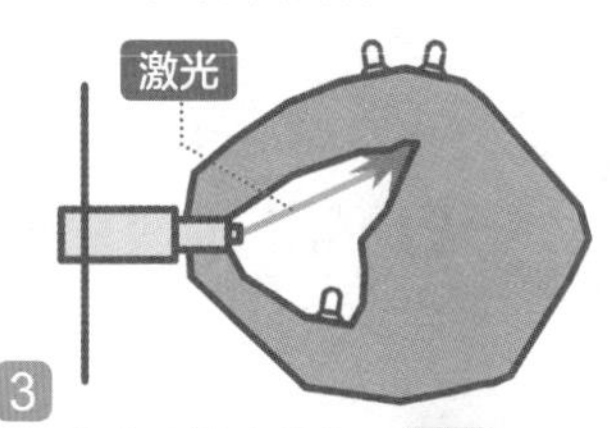

3 用收集到的材料制作发动机。任务完成后，宇宙飞船再向其他小行星移动。

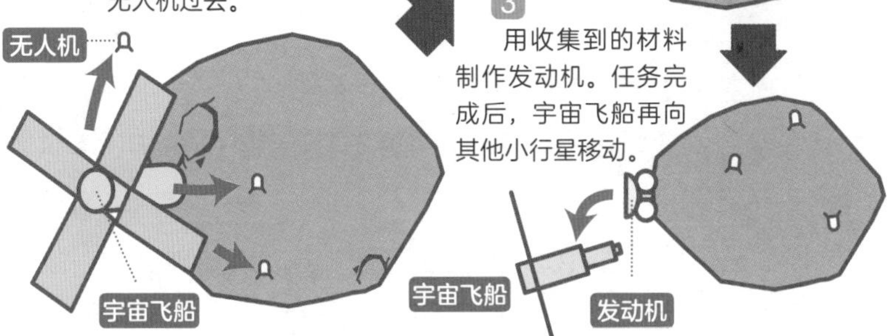

这种宇宙飞船可以从一个小行星转移到另一个小行星，燃料得以补给后，继续飞向更遥远的太空。

另外，**把小行星改造成宇宙飞船的研究**也在推进当中。人们建立了一个“RAMA 计划”，这个计划是让小型宇宙飞船和小行星合体，就地取材，**用 3D 打印机制造引擎，使小行星移动**。而且国际空间站（ISS）也已经安装 3D 打印机，用于制作工具和零件。

如此看来，将无人机送至小行星，用激光技术穿透内部，从而制造出一艘宇宙飞船（图2）似乎是可行的。那么其耐久性如何呢？在太空当中，碰撞几乎不会发生，推进时遇到的冲击也很微弱，用可再生型轻零部件已足够。

虽然这两项计划都还在研究阶段，但是说不定很快就会变为现实！

60 ISS是做什么用的?

[人工天体]

在宇宙环境中进行材料和药品的实验研究，调查对生物产生的影响等!

国际空间站（ISS）是由美国、俄罗斯、欧洲、加拿大和日本共同建造的**实验设施**。工程1998年开始建设，2000年11月宇航员开始进驻。

ISS在离地面**约400千米的高空轨道上绕地球运行**，绕地一周需要约90分钟。它的质量约为420吨，大小约为108.5米×72.8米（相当于一个足球场）。ISS设有4间实验室和1个供宇航员用餐和沐浴的居住空间，**最多可满足6个人生活**（见下图）。在国际空间站，各国除了观测地球和天体外，还利用太空这一特殊环境进行实验和研究。

日本拥有一个名为“**希望号**”的实验舱，利用几乎无重力环境（微重力）开发材料和药物，调查宇宙环境对人类和生物带来的影响。

“希望号”的舱外，有一处名叫**舱外实验平台**的设施，在这里可以进行把电子设备等暴露于宇宙辐射中的实验。“希望号”也被用来发射人造卫星。每年“希望号”需向ISS运送8次物资，同时会搭载小型人造卫星，像使用弹簧的原理一样，将它发射上去。

预计可使用至 2024 年

▶国际空间站的构造

ISS的规模几乎等同于一个足球场，大部分为太阳能电池，至少可连续使用到2024年。

如何吸氧?

通过电解水提取氧。二氧化碳和电解产生的氢被丢弃在舱外。

如何就餐?

为防止食物飞散，食物和饮品都装在塑料容器内。种类丰富，超过200种。

如何饮水?

一年内所需的水量约为7.5吨。可从地球输送，还可使用再生水系统，循环利用尿液中的水。

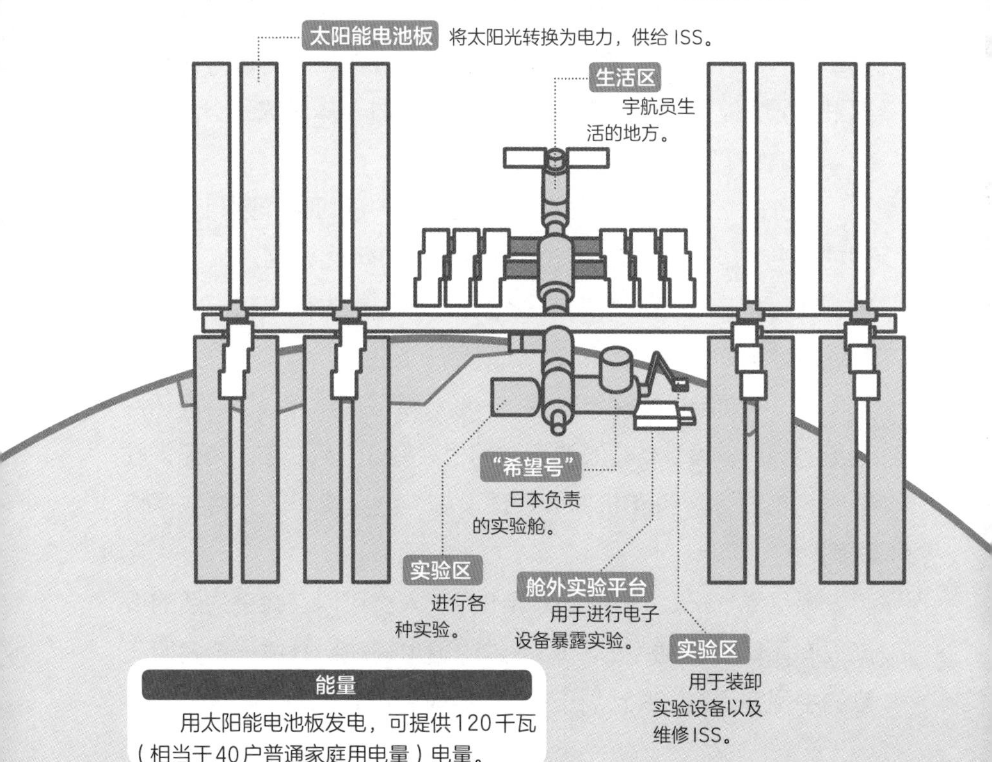

能量

用太阳能电池板发电，可提供120千瓦（相当于40户普通家庭用电量）电量。

61 ISS之后还会建其他空间站吗？

[人工天体]

ISS的后继空间站是建在月球轨道上的“门户”空间站！

以美国NASA为首，欧洲、俄罗斯、日本和加拿大计划建一个名为“**门户**”的空间站，以作为国际空间站（ISS）的后继者（图1）。“门户”将被建在环月轨道上（图2），规模远小于ISS，质量只有ISS的$\frac{1}{6}$，预计只有4名人员进驻。**因为并无长期驻留设想，因此比ISS小很多**。建造时，需用火箭分6次从地球运输物资。

“门户”主要作为科学研究设施使用，还可用作赴月**载人探测的中转站**。此外，在预计于21世纪30年代开启的火星之旅前，还可把它作为一个**训练基地**，让那些想去火星旅行的人适应远离地球的太空生活。

ISS需要宇航员常年驻留，一般都要驻留半年以上，而环月运行的门户，设计的最长驻留时间也只有3个月左右。当无人驻留时，将由计算机和机器人管理设施，继续实验，并将数据传送回地球。

顺便说一下，截至2020年8月，人类可以在太空生活的设施只有国际空间站（ISS）。不过中国也在独自开发一个名叫**天宫**的中国空间站，**并**计划于2022年前后建成。

可用作赴月中转站

绕月的门户空间站（图1）

从地球出发，约需5天的旅程可到达门户空间站。以此为据点，登陆月球表面，然后再次返回。

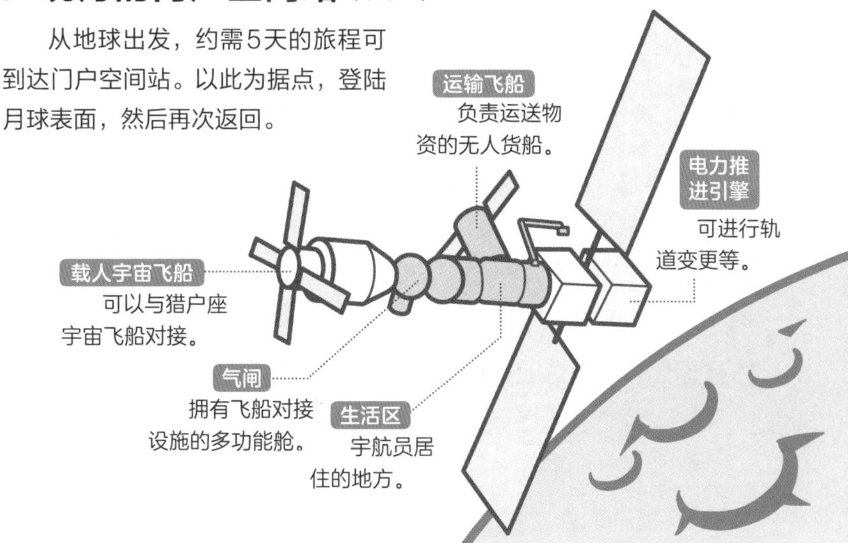

门户的轨道（图2）

环绕月球北极与南极上空的椭圆形轨道，最接近月球表面的距离为4000km，最远为75000km。绕行1周大概耗时7天。

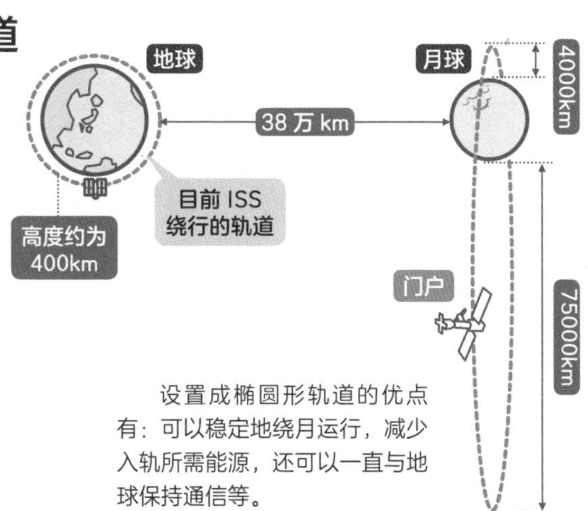

设置成椭圆形轨道的优点有：可以稳定地绕月运行，减少入轨所需能源，还可以一直与地球保持通信等。

62 [人工天体] 在太空中飞行的都是哪些人造卫星？

通信卫星、广播卫星、气象卫星、导航卫星……
太空里飞行着各种人造卫星！

世界上第一颗人造卫星是苏联于1957年10月发射的**斯普特尼克1号**。随后，美国、法国、日本、中国、英国和印度等国相继发射。截至2020年4月，全球已发射9300多颗人造卫星，**约有5800颗人造卫星在绕地运行**。

那么太空中究竟有哪些种类的人造卫星在运行呢？

电视节目的卫星广播是以位于36000千米高空的**通信卫星**（用于广播的叫作**广播卫星**）为中继站，来向用户输送无线信号的。因为无线信号几乎是从正上空传来，不受山脉和高楼阻碍，可以传输清晰的影像。

气象卫星也在约36000千米的高空。在这个高度，可以一览地球全貌，观测广阔区域的云层动态和地面温度等，做准确的天气预报。

显示目的地的路线、告知当前所处位置等，诸如此类的汽车导航和手机定位服务，需要使用GPS等**导航卫星**。

此外还有观测森林状况和地面以及海上气温的**地球观测卫星**，从太空观测天体的**科学卫星**，侦察他国情报的**侦察卫星**以及其他各种用途的卫星等。

约有 5800 颗人造卫星在轨道上运行

用于多种用途的人造卫星

目前人类已经发射多种用途的人造卫星，近期还出现了10厘米大小的超小型人造卫星。

科学卫星

用于对太阳和宇宙中的天体进行观测等科学研究。

地球观测卫星

除制作地图外，还可观测大规模灾害以及探测资源。

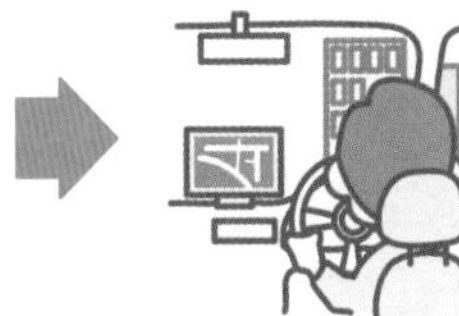

导航卫星

为手机和汽车提供定位系统的人造卫星。

通信卫星

除了给无法使用地面线路的船只和飞机等提供信号外，还可以用于电视转播。

气象卫星

观测包括海洋和山脉在内的广阔区域的云层动态以及温度，监测大范围的气象和台风情况。

更多小知识
趣味宇宙
⑥

Q 若长期驻留ISS，人体会有哪些变化?

强壮 或 没有变化 或 衰弱

国际空间站（ISS）处在体重为零的无重力（微重力）环境中，因而与有重力的地球是不同的。那么如果长期驻留，人体会不会产生变化呢？会不会变得更加强壮，或是反而会变得越来越衰弱呢？

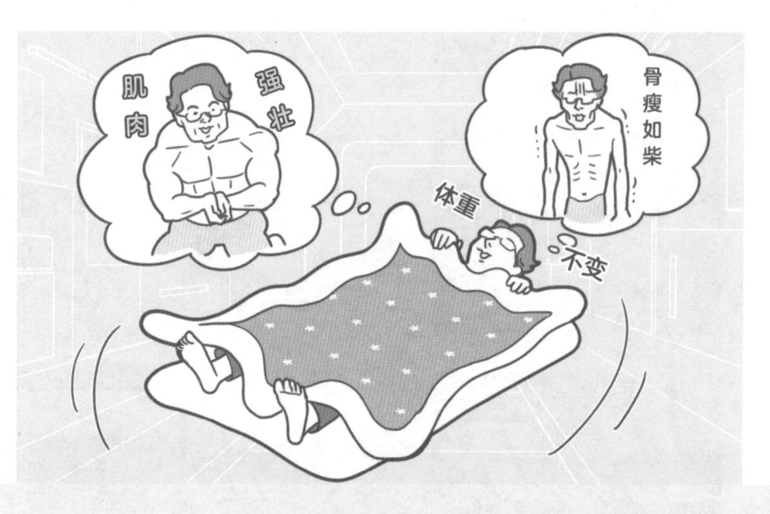

国际空间站与地球环境差异极大，最主要的问题是**微重力对人体的影响**。

一个体重60千克、生活在地球上的人，在走路或跑步时，必须用全身的肌肉和骨骼来承载60千克的重量。即使只是静止站立，骨骼和肌肉也都要承担巨大的负荷。

血液等体液也会因重力而引向下半身，所以心脏和血管可以轻松地将血液输送至全身。这样，**我们无意识中就让血液保持了全身循环，对身体进行了锻炼，避免了肌肉量和骨骼量的减少。**

然而我们在ISS的体重为零，所以无论移动还是静止，我们只需花一点**力气就可以活动肌肉和骨骼**。这样会使缺乏运动的肌肉快速衰弱，肌肉量降低，骨骼也会因为缺少负荷而流失钙质，变得脆弱。体液也会集中到上半身，出现脸部浮肿、头部涨大的情况。当然，过几天后，体液会减少，脸部浮肿也会消失，我们的体重也会相应减轻。此外，地球上被压缩的脊柱和关节也得以松弛舒展，身高会增加。

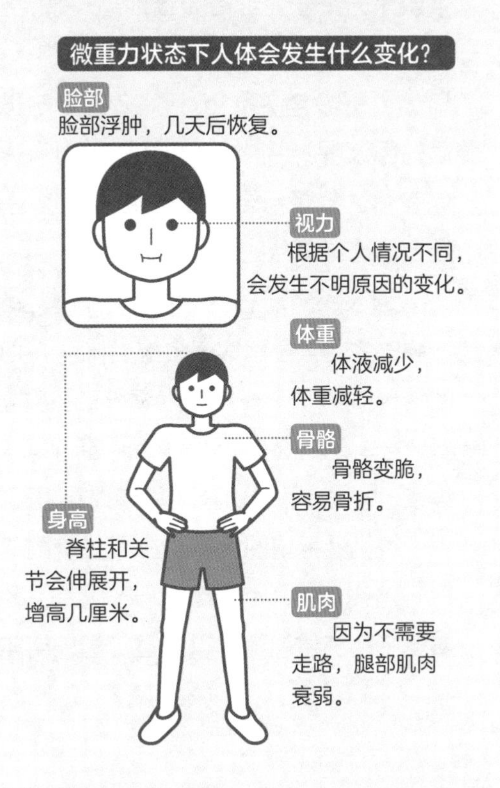

为保持骨骼和肌肉的健康，在空间站时，宇航员需要**每天使用健身器材进行锻炼**。尽管如此，当他们在ISS滞留半年后返回地球时，仍需要有人搀扶才能站立和走路，而且还需要进行一个多月的康复训练。此处的正确答案是“衰弱”。

63 人类在宇宙中能走多远？

[宇宙探查]

载人探测器已到达月球表面，无人探测器正飞越冥王星！

1961年4月12日，人类首次进入太空。苏联宇航员**加加林乘坐东方1号宇宙飞船绕地球一周**后返回地面，用时1小时48分。受此影响，美国开启了一个将人类送上月球的“**阿波罗计划”。1969年7月20日，2名宇航员登上了月球**（图1）。在随后的阿波罗计划中，总共成功登月6次，共有12名宇航员在月球表面进行了月岩采集等活动。但是从那以后，人类再也没有登上过地球以外的天体。

无人探测器已登陆的行星只有金星和火星。1970年12月，苏联的金星7号首次在金星着陆，将地表温度和气压等数据发送回地球。第一个在火星上着陆的探测器是1973年苏联发射的火星3号，但是着陆后信号就中断了。与之相比，1976年美国的维京1号和2号成功着陆，将火星表面的影像传送回地球。

对其他行星的探索，主要是美国取得了一些巨大成果（图2），探测器飞近（接近通过）天体，拍摄并进行科学测量，还**成功实现了冥王星观测，以及冥王星外宇宙空间的观测。**

向太阳系各行星发射探测器

月球表面载人探测——阿波罗计划（图1）

人类最早登上月球的是阿波罗11号的船长尼尔·阿姆斯特朗和宇航员巴兹·奥尔德林，他们向全世界进行了登月过程的电视直播。登月舱降落在月球的静海，两人在月球停留了21小时36分，将21千克的岩石样本带回了地球。

美国深空探测的主要成果（图2）

先驱者10号	1972年由NASA发射的木星探测器。1973年最接近木星，将木星及其卫星的影像传回。
先驱者11号	1973年由NASA发射的木星和土星探测器。1974年最接近木星，1979年最接近土星，发现了土星的未知环。
旅行者1号	1977年由NASA发射，对木星、土星及其卫星进行了观测。发现木卫一上有火山。目前正越过冥王星轨道，对星际空间（恒星之间的空间）进行探测。
旅行者2号	与旅行者1号几乎同期发射，除木星、土星外，还观测了天王星、海王星及其卫星，并发现了各行星的新卫星。目前正越过冥王星轨道对星际空间（恒星之间的空间）进行探测。
伽利略号	1989年由NASA发射的木星探测器。1995年，到达木星旋转轨道，持续观测木星及其卫星，一直持续到2003年。
卡西尼号	NASA和ESA（欧洲航天局）于1997年联合发射的土星探测器。发现土卫二地底存在着液态海洋的证据。
新视野号	NASA于2006年发射升空，2015年接近冥王星，将表面的清晰影像发送回地球。冥王星探测结束后会继续探测太阳系外缘天体。

64 ［火箭］ 节能的航行方法！什么是霍曼转移轨道？

原来如此！ 可用最小的能量抵达行星的轨道。预测着陆时行星的位置！

火箭摆脱地球的引力需要巨大的动力推动，因此需要大量的燃料。当然，火箭在太空中飞行时也需要燃料，而且很难在中途进行补给，所以如何让火箭在太空中高效地移动是关键。因此，**以最小的能量到达目标行星的轨道——霍曼转移轨道**，就变得至关重要。

比如往火星发射宇宙飞船，即使我们向着现在看到的火星发射火箭，但是当火箭到达时，火星早已公转到了其他地方。因此，我们需要计算出一个**在到达时，宇宙飞船和目标天体的位置恰好重叠，而且用最少的燃料就可以抵达的轨道**，这个轨道就是“霍曼转移轨道”。

通过霍曼转移轨道去金星时，从发射到抵达金星大约需要**150天**（图1）；去火星时，需要**约260天**（图2）。从火星返回地球大约也需要260天，并且也要使用霍曼转移轨道。再加上等待地球和火星到达最佳位置关系的时间，往返约需要2年8个月左右。

实际上，不只是霍曼转移轨道，人类还在研究各种航行计划。例如，凭借2018年发射的火星探测器洞察号（InSight），人类成功地将去往火星的飞行天数缩短至**205天**左右。

发射探测器，预测行星的运行轨迹

去往金星的霍曼转移轨道（图 1）

在金星和地球位于❶时发射探测器，在金星和地球处于❷时抵达金星。

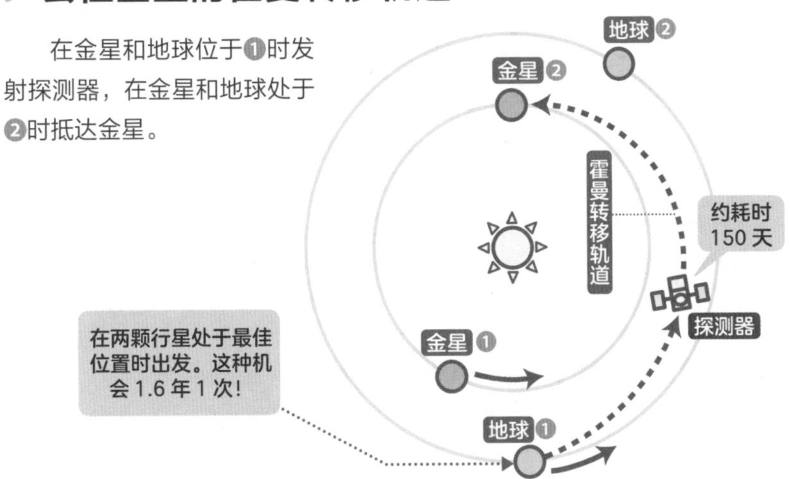

去火星的霍曼转移轨道（图 2）

在火星和地球位于❶时发射宇宙飞船，在火星和地球处于❷时抵达火星。

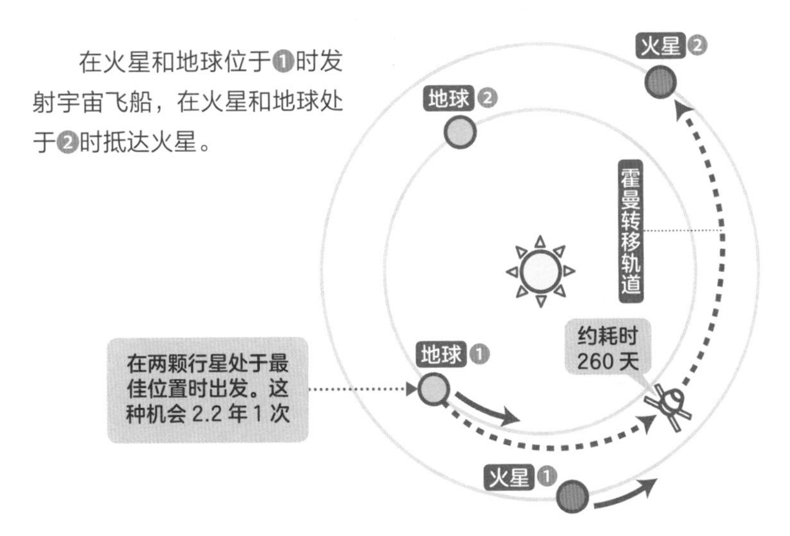

65 火星探测都做些什么？

[宇宙探查]

用探测器对火星地表进行调查，寻找有水的证据和生命迹象！

即使是在离地球最近时，火星和地球的距离也是地月距离的150倍，所以发射探测器也很不容易。截至2021年8月，成功登陆火星或进入火星运行轨道的只有**美国、苏联、ESA（欧洲航天局）、印度和中国**，其中取得较大成果的是美国。

1971年11月，**水手9号**成为世界上第一个进入火星运转轨道的探测器，并成功地拍摄了火星地表影像。同年12月，苏联的**火星3号**探测器首次在火星登陆，但着陆后发生故障。1975年11月，**海盗1号**的着陆器成功从火星地表发回照片。

1996年发射的**火星全球勘测者**绘制了火星地图，接下来**火星探路者**向火星的地表投送漫游车（探测车），寻找远古时期火星上存有水的证据。

2003年，通过**火星探测漫游者**发现了火星地表曾经存在大量水的证据，由此推测火星上存在生命的可能性很高。2011年发射的**火星科学实验室**的漫游车，在火星上发现了有机物（可形成生命材料的物质）。

如今人们正在制订计划，打算把火星上的岩石等样本带回地球。

向火星地表发射探测器

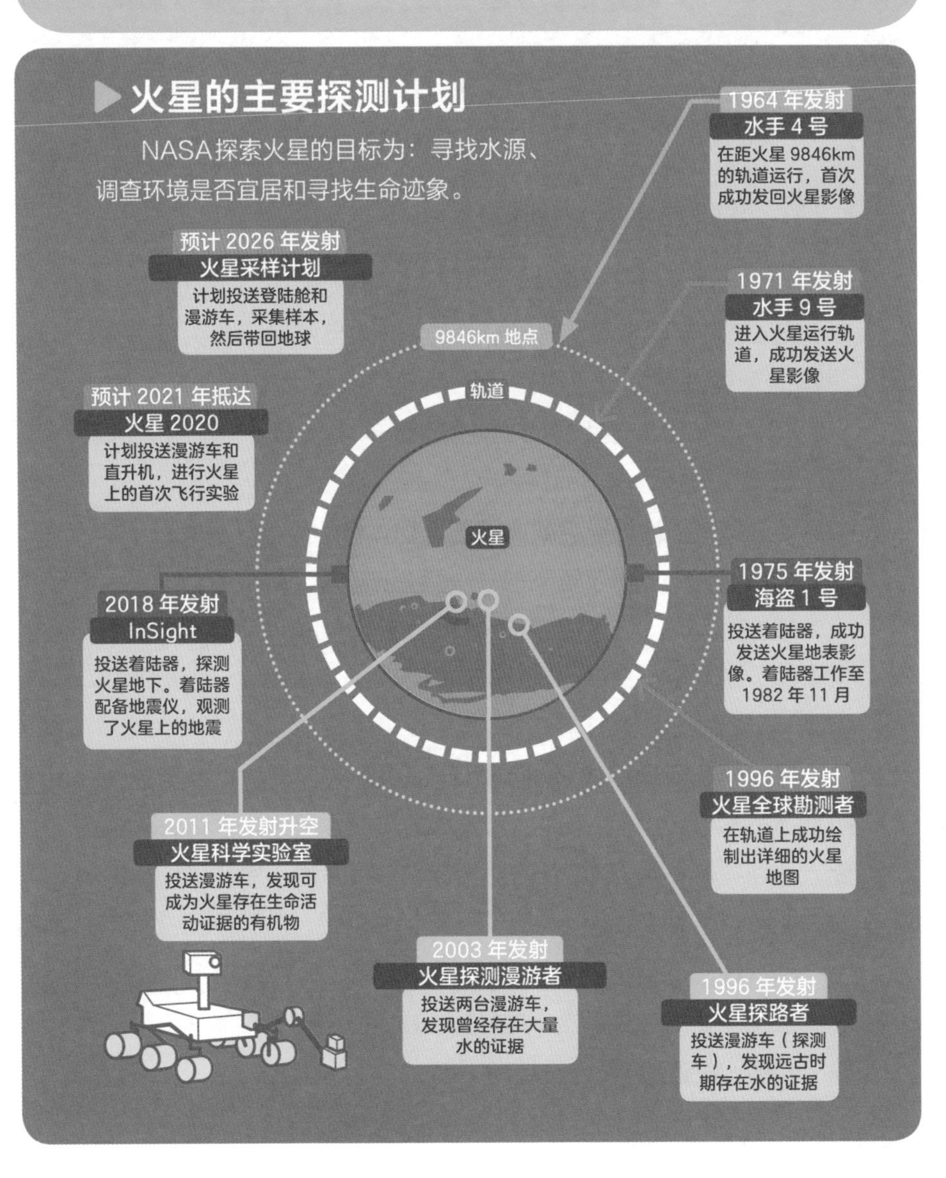

▶火星的主要探测计划
NASA探索火星的目标为：寻找水源、调查环境是否宜居和寻找生命迹象。
1964年发射
水手4号
在距火星9846km的轨道运行，首次成功发回火星影像
预计2026年发射
火星采样计划
计划投送登陆舱和漫游车，采集样本，然后带回地球
9846km地点
1971年发射
水手9号
进入火星运行轨道，成功发送火星影像
轨道
预计2021年抵达
火星2020
计划投送漫游车和直升机，进行火星上的首次飞行实验
火星
1975年发射
海盗1号
投送着陆器，成功发送火星地表影像。着陆器工作至1982年11月
2018年发射
InSight
投送着陆器，探测火星地下。着陆器配备地震仪，观测了火星上的地震
1996年发射
火星全球勘测者
在轨道上成功绘制出详细的火星地图
2011年发射升空
火星科学实验室
投送漫游车，发现可成为火星存在生命活动证据的有机物
2003年发射
火星探测漫游者
投送两台漫游车，发现曾经存在大量水的证据
1996年发射
火星探路者
投送漫游车（探测车），发现远古时期存在水的证据

66 今后还有其他行星的探测计划吗？

[宇宙探查]

预计 2035 年进行载人火星探测，以及向木卫二发射无人探测器！

自1972年阿波罗17号最后一次登陆月球以来，人类再未对其他天体进行过载人探测。不仅因为探索太空的成本高昂，也因为人类在太空活动时，缺少像地球大气层一样的保护屏障，健康风险极大。

但是**美国正计划重启载人探测计划**，包括解决以上挑战。美国计划用新一代载人宇宙飞船——**猎户座飞船**（图1）去月球，之后去火星。另外，他们也在筹备一个不去月球，直接把人送上火星的计划。至于日期，2019年NASA发言人曾表示，预计在2035年前进行载人探测。

另一个备受瞩目的是NASA计划的**无人探测器“欧罗巴快船”**。研究认为，在木卫二表面的冰层下存在液态水的海洋。因此，计划在环绕木卫二飞行时接近至25千米的距离，以探测木卫二上是否存在生命。

日本有一个**火星卫星探测计划（MMX）**，计划观测火星的卫星——火卫一和火卫二，并准备从其中一个卫星采集样本带回地球，预计在2024年左右发射（图2）。

NASA 计划发射载人飞船去往金星

利用猎户座飞船进行载人飞行（图 1）

底部直径5m，能同时搭载4～6人。

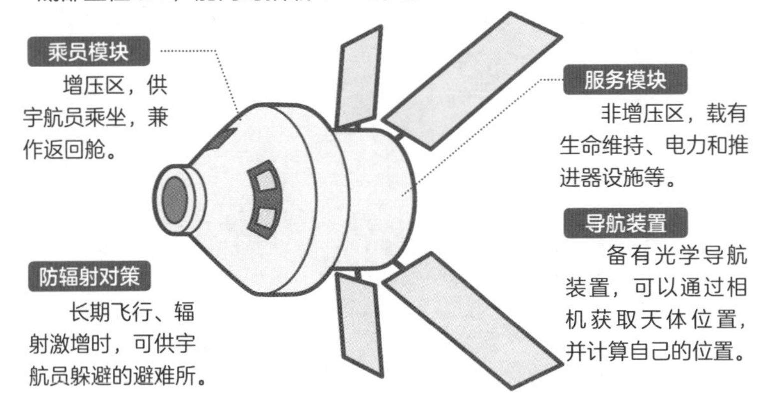

MMX 的探测器（图 2）

MMX（Martian Moons eXploration）是日本发布的火星卫星采样计划，计划中将使用漫游车和探测器登陆火星的卫星，采集地面表层的沙子等。

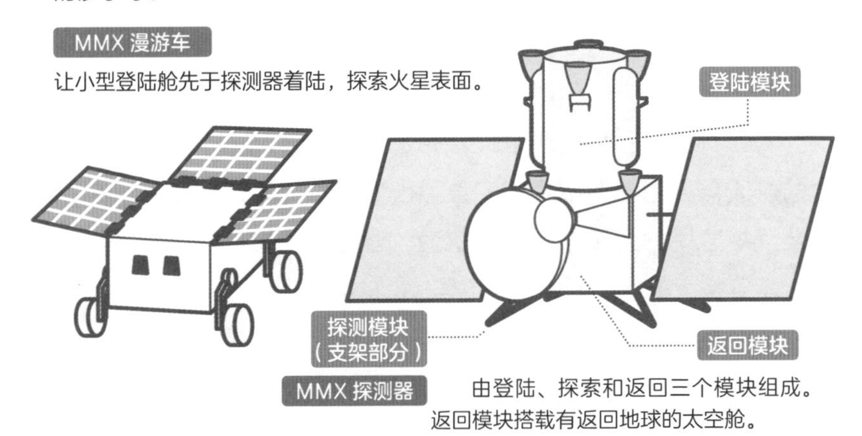

67 [新技术] 若小行星飞来，人类能保护地球免受撞击吗？

为了**改变巨型陨石的轨道**，人们正研究发射**大型火箭**的方法！

大约在6600万年前的白垩纪末期，包括恐龙在内的约70%的物种灭绝。人们通常认为，这次大灭绝是由一颗直径约10～15千米的小行星（陨石）撞击造成的。据说**这种程度的陨石撞击1亿年才发生1次**，但是即使是很小的陨石，产生的冲击波也会对城市造成严重的破坏（第102页）。因此，为了预防小行星撞击，人们已经开始研究规避方法。

NASA表示，在不久的将来，有**一颗直径约为492米的小行星贝努**，有可能**会在2135年撞击地球**。这个**概率只有$\frac{1}{2700}$，撞击能量为1200万亿吨**。因此，美国的劳伦斯·利福摩尔国家实验室等研究小组，研究了一种可改变贝努级小行星运行轨道的方法，来避免它碰撞地球。

这个方法是用大型火箭发射数十台名叫“锤子”的**8.8吨重的航天器**，用总重数百吨的重量去撞击贝努，**向它施加一个不至于被分解的力量来改变其轨道，避免它撞向地球。**一颗与贝努差不多大的小行星，若距离与地球相撞还剩25年时间，需要7～11台“锤子”；若距离相撞只剩10年，就需要34～53台“锤子”才能够改变它的轨道。

只要距离相撞还剩 10 年，就可避免

改变小行星贝努轨道的方法

贝努是一颗直径为492米的小行星，在地球附近飞行。如果有可能和地球发生碰撞，可以用许多8.8吨重的航天器对它进行撞击，使它改变轨道，避免碰撞地球。

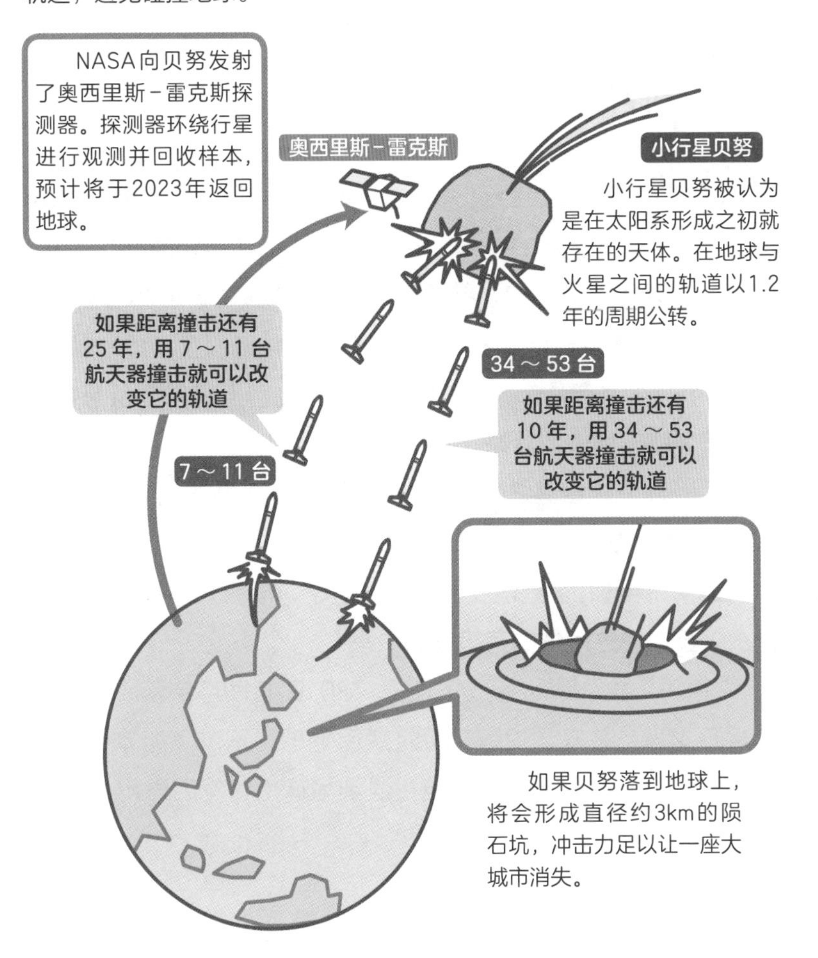

68 日本的希望之星“隼鸟号计划”是什么？

[宇宙探查]

这是世界上首个从小行星带回岩石样本的计划。后继机型也在大放异彩！

让我们了解一下小行星探测器“隼鸟号”的成果以及未来计划。

2003年5月发射的第一代“**隼鸟号**”，于2005年11月**成功降落在小行星糸川**，并采集了地表样本（细沙粒状的微粒）。之后开始了返回地球之旅，并于2010年6月进入地球大气层。虽然机身被烧毁了，但内含样本的隔热胶囊在地面上被成功截获。经过长达7年的努力，“隼鸟号”成功完成了**世界首例从月球以外的天体取回样本**的壮举。

后继机型“**隼鸟2号**”于2014年12月发射升空，2018年6月抵达**小行星龙宫**。一般人们认为龙宫存在水和有机物质，这个项目的主要目的就是把样本带回地球，帮助人们**解开地球上的水以及构成生命体的有机物的由来**。

“隼鸟2号”顺利完成了任务，2019年11月带着采集的样本离开龙宫，并在2020年12月返回地球，不过飞船本体没有进入大气层，而只是将太空舱投送到地球上，然后再用11年时间飞往新的小行星。

带回装着样本的隔热胶囊

“隼鸟号”所去的小行星

第一代“隼鸟号”和“隼鸟2号”都是一种探测器，都是以采回样本——将小行星地表的物质样本带回地球为目的。

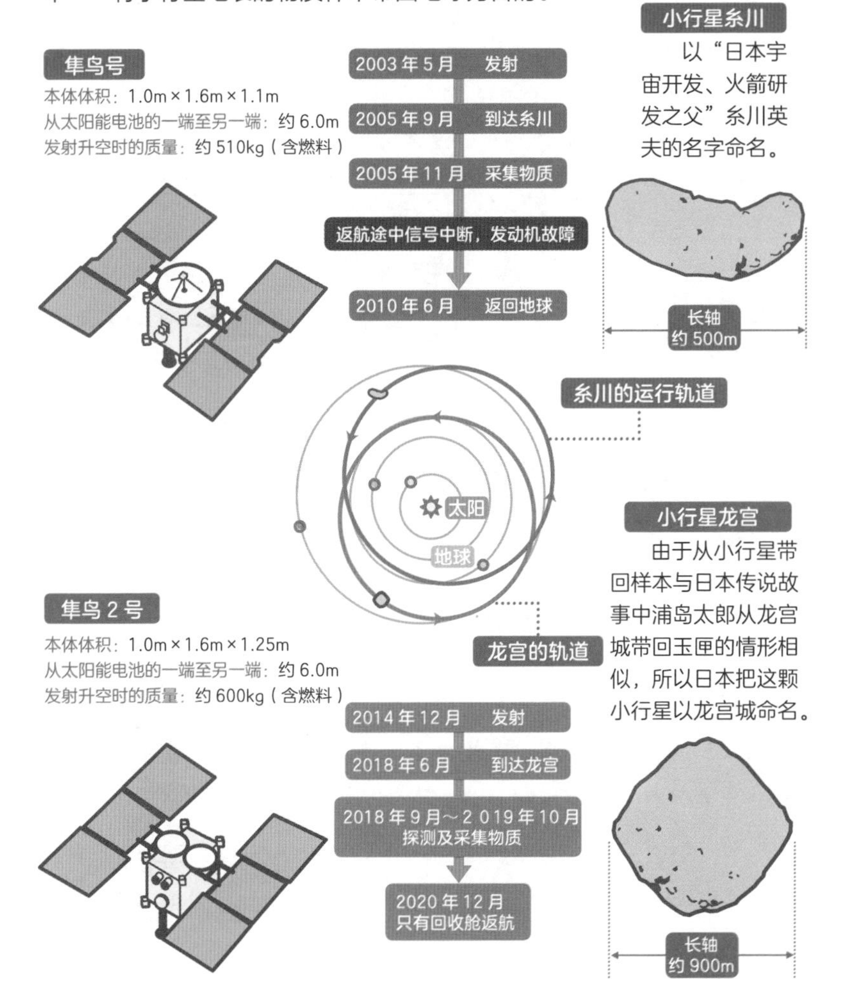

用望远镜发现宇宙膨胀

爱德文·哈勃

（1889—1953）

哈勃是一位美国天文学家，他使用威尔逊山天文台口径约2.5米的反射望远镜对各种天体进行观测，发现了显示宇宙在膨胀的“哈勃定律”。这一发现成为现代宇宙学的基础，是解开宇宙诞生之谜的关键。

哈勃在大学里学习物理学、天文学和法学，然后成为一名律师。第一次世界大战时，他应征入伍，之后重新学习天文学，并就职于威尔逊山天文台。至此，他把一生都奉献给了天体观测。

20世纪初，人们认为宇宙中只有银河系。哈勃通过当时世界上最大的约2.5米的反射望远镜，观测了位于银河系内的仙女座大星云，并测定了它的距离。测定结果显示，仙女座大星云与地球的距离远超银河系的直径尺寸，从而查明银河系之外还存在着仙女座星系。

在多次观测星系间的距离和后退速度（红移）的过程中，哈勃发现这两者成正比。这个发现为“哈勃定律”的提出奠定了基础，即星系离地球越远，退行速度越快。

爱因斯坦在听说了哈勃的“宇宙膨胀”的观测结果后，也改变了他一直坚持的“宇宙是静态的，不会膨胀”的想法。

第4章

漫话明天宇宙的故事

从相对论、宇宙膨胀等艰涩的理论，
到星星的命名方法及梦幻般的太空旅行，
类似的话题我们经常听到，却不清楚个中究竟……
本章中，我们将介绍这些关于宇宙的故事。

69 宇宙的构造与爱因斯坦①

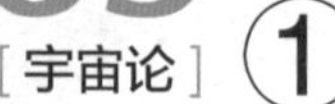

爱因斯坦用**相对论**预测出**黑洞和引力波**！

说到宇宙的故事，自然少不了爱因斯坦的相对论。

首先，**狭义相对论**是指物体在接近光速时以什么方式运动的理论。在该理论出现之前，人们认为不论由谁来测量，时间都是一定的，也就是所谓“绝对时间”。这个理论把时间会因观测者的不同而出现伸缩这一观点理论化（图1），并由此产生了**“光速不变原理”“质能等价理论（$E=mc^2$）”**等定律。

随后发表的**广义相对论**是为了阐明狭义相对论无法解释的加速度运动和万有引力定律（重力）。有重量的物体会让周围的时空产生弯曲，继而影响周围物体的运动。物体在扭曲的时空中无法保持静止，会沿着时空形变而运动。广义相对论明确了**物体之间的万有引力（重力）作用**。

引力场方程（爱因斯坦场方程）是指时空弯曲和物体之间的关系。根据这个方程式，爱因斯坦还预测出了连光都无法逃脱的**黑洞**的存在以及引力也像光一样以波的形式传播的**引力波**（第190页）。

狭义相对论与广义相对论

狭义相对论明确的原理（图 1）

光速不变原理

光速相对于任何运动的物体都是恒定不变的，任何物体的运动速度都不可能超越光速。

时间流逝速度的变化

在高速移动的物体中，时间流逝速度会变慢，因此地球上的人和宇宙飞船上的人，时间的流逝速度是不一致的。

广义相对论解释的原理（图 2）

物体会使时空弯曲

有质量的物体周围的时空会发生弯曲。这个性质揭示了物体具有的万有引力作用。

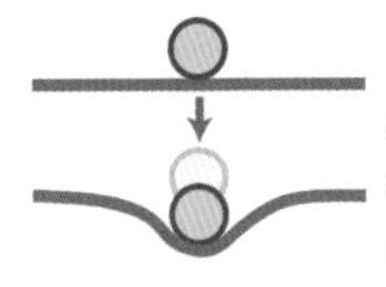

在橡胶膜这样的时空内放置有重量的物体，时空就会弯曲。

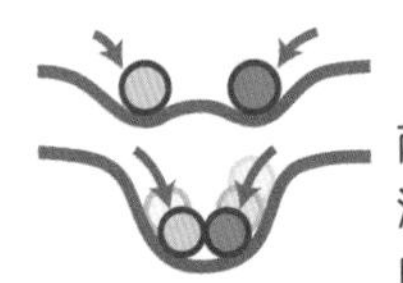

如果放置两个物体，会沿着时空的弯曲互相接近。

时间流逝速度随引力变化

有引力的地方时间流逝速度会变慢。高空的时钟比地表的时钟快。

70 宇宙的构造与爱因斯坦 ②

[宇宙论]

如果引力波的观测获得进展，就可以了解宇宙初期的构造！

发表了相对论的爱因斯坦做出预测：引力波也和光一样，是以波的形式传播的（第188页）。

有重量的物体会使周围的时空弯曲，物体运动时，时空的弯曲就像水面上的涟漪，以光速向周围传播。这就是**引力波**（图1）。

存在引力的物体——比如人类，在运动的时候就会产生引力波，但由于产生的引力波十分微弱，我们观测不到。一旦大型物体发生运动，就会产生可观测到的引力波，借此，学者们发现了一些类似于超新星爆发、中子星合并等天体现象。

2015年，科学家借助两架美国的**引力波望远镜**（图2），**首次观测到黑洞合并时放射出的引力波**。引力波产生后，空间就会发生伸缩。两个黑洞发出的引力波，历经13亿年才到达地球，使引力波望远镜激光周围的空间产生伸缩。

一旦引力波观测取得进展，很可能会得到揭开宇宙放晴之前（第63页），即**早期宇宙样子的线索**。可见，爱因斯坦的研究与对宇宙结构的研究是密切相关的。

引力波以波的形式让空间弯曲并传播

▶什么是引力波（图1）

当一个有重量的物体在运动时，引力波以波的形式（实际上呈球形）在空间传播。

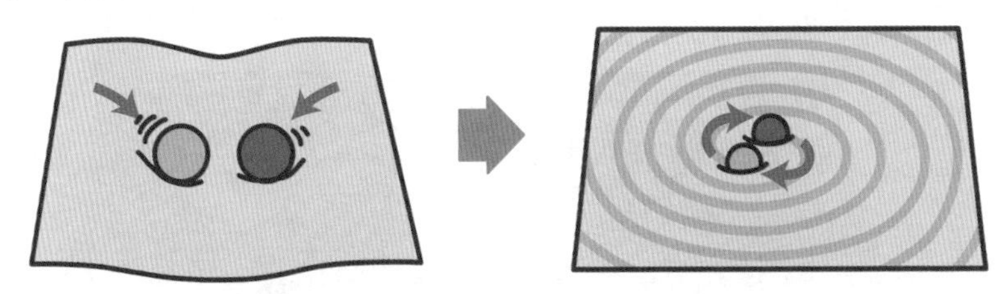

在橡胶膜般的时空中放置有重量的物体，它们就会彼此靠近，相互吸引（第189页）。

当有重量的物体运动时，空间的弯曲会像波浪一样扩散，产生引力波。

▶引力波望远镜的结构（图2）

引力波会使空间伸缩，而光有沿弯曲空间传播的性质，所以利用它来捕捉引力波。

1 引力波来时……

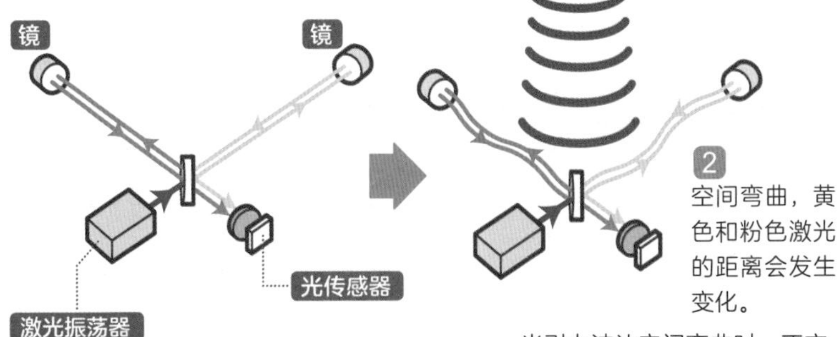

2 空间弯曲，黄色和粉色激光的距离会发生变化。

向正交的两个方向发射相同光束，用镜反射，用光返回的时间来测量两者间距离。

当引力波让空间弯曲时，正交的两束光会反复发生“一束伸张，另一束收缩”的变化，通过伸缩的有无来观测有无引力波。

借助宇宙的力量真的

虫洞的示意图（图1）

虫洞是连接宇宙两点的通道，可成为连接2个时空分离点的捷径。

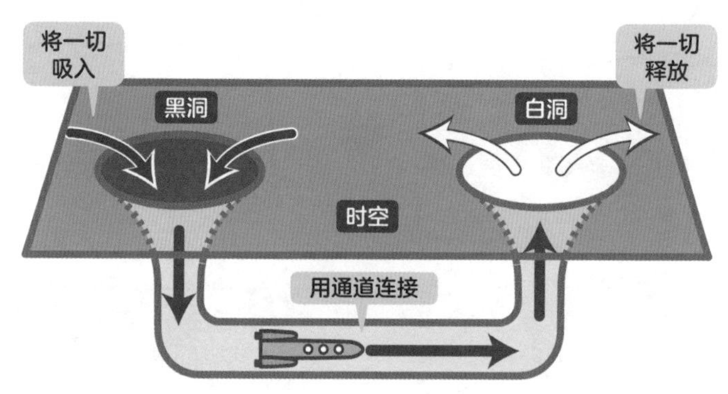

爱因斯坦通过相对论预测了黑洞。由于物理法则中有对称性，因此可以预测，如果**有一个连光都会吸入的天体——黑洞**，那就必然会存在一个**释放所有物质的天体——白洞**。

黑洞所吸入的物质将去往何处？为了解释这个疑问，人们想出一个主意：用隧道将两个洞连接起来的虫洞设想（图1）。在这个设想中，虫洞是单向通行的，无法返回原来的世界。

于是美国物理学家基普·索恩定义了一个**“可以双向通行的虫洞”**。该设想认为：如果存在负能量物质，那么“可双向通行的虫洞”在数学上是可能成立的，而“如果能够让虫洞运动，就能制造出回到过去的**时光机**”。

可以回到过去吗？

虫洞时光机的结构（图2）

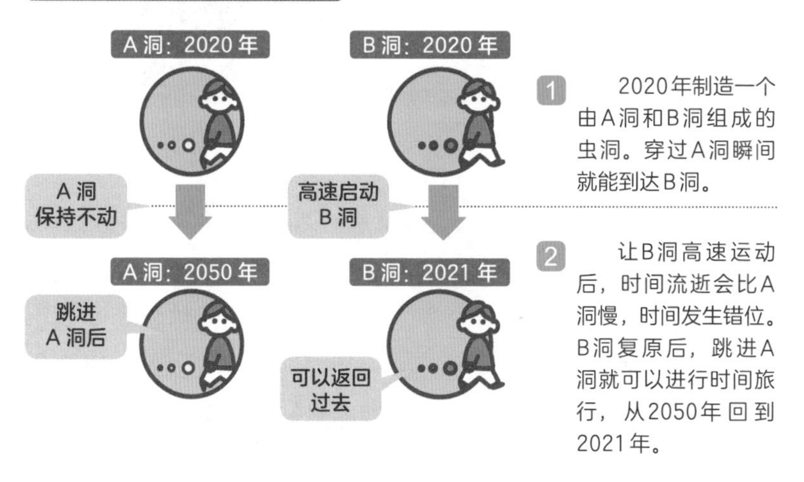

我们来制造一个由A洞和B洞组成的小虫洞，然后把洞扩大，在保持可以通过的状态下让B洞高速运动。根据狭义相对论**“高速运动的物体，时间的流逝速度会变慢”**，所以两个洞的时间会发生错位。让B洞复原后，如果跳入A洞，从A洞的时间来看，我们就回到了过去（图2）。

然而遗憾的是，目前尚无技术制造和维护虫洞，也未观测到类似白洞的天体。我们甚至不知道在天体引力坍缩下产生的黑洞是否会形成虫洞。

另外，人们也在研究另一种理论，利用“引力越强，时间流逝速度就越慢”的广义相对论现象研究时光机。有关时间旅行的设想数不胜数，比如以光速环绕具有极大质量的未知物体——宇宙弦的理论等。

71 “宇宙正在膨胀”是怎么回事？

[宇宙论]

受暗能量影响，宇宙在持续加速膨胀！

宇宙现在仍在继续扩张，也就是所谓膨胀，那么它究竟是怎样膨胀的呢？

过去人们认为，宇宙膨胀的速度是随着时间推移逐渐变小的，也就是**减速膨胀**。但是，这一常识被三位天文物理学家帕尔穆特、施密特和里斯推翻。虽说**在某一时期前，宇宙是减速膨胀的**，但后来它又**加速膨胀**，也就是说**膨胀速度随时间推移而增加了**（图1）。一般认为，宇宙由减速转变为加速的时期是在宇宙诞生102亿年后（图2）。

那么为什么宇宙会加速膨胀呢？为了解释这一事实，人们提出了一个“**有一种可使宇宙膨胀的未知力量**”的设想，认为宇宙中充满了一种性质与原子等普通物质不同的能量——“**暗能量**”。

虽然还无法理解暗能量究竟是什么，不过我们已从各种观测中得到了它存在的证据。暗能量具有一种不可思议的特性——**即使空间因宇宙膨胀而扩张，暗能量也不会被稀释，**正是凭借这种性质，宇宙膨胀才不断加速。据说宇宙中69%的能量都是暗能量。

宇宙正在加速膨胀

▶什么是宇宙加速膨胀（图1）

随着时间推移，膨胀速度减慢的就是减速膨胀；相反，随着时间推移，膨胀速度加快的就是加速膨胀。

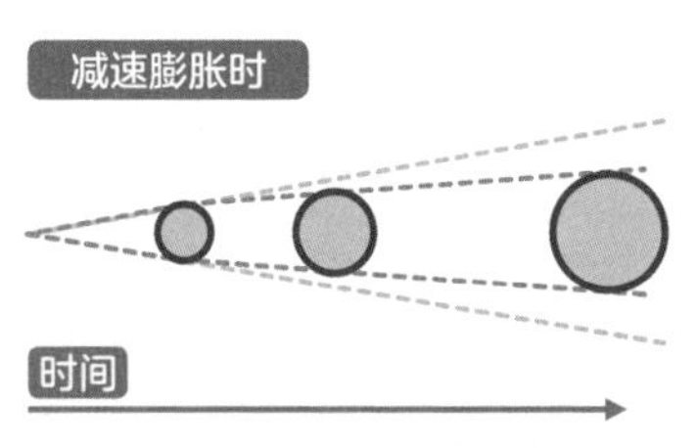

宇宙的膨胀速度随时间变慢。

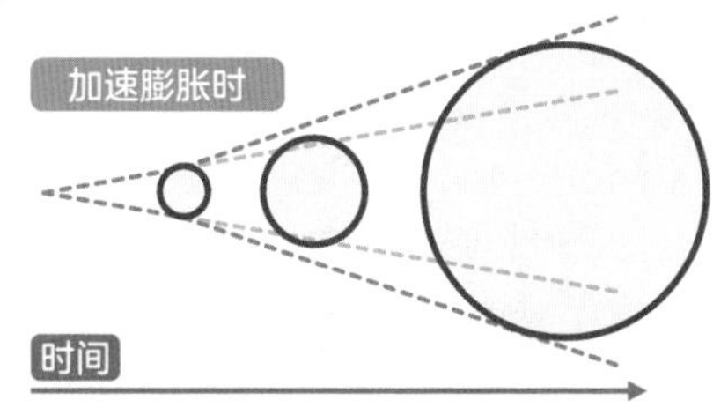

宇宙的膨胀速度随时间变快。

▶由减速膨胀转为加速膨胀的宇宙（图2）

一般认为，在宇宙年龄为102亿年时，宇宙转变为加速膨胀。

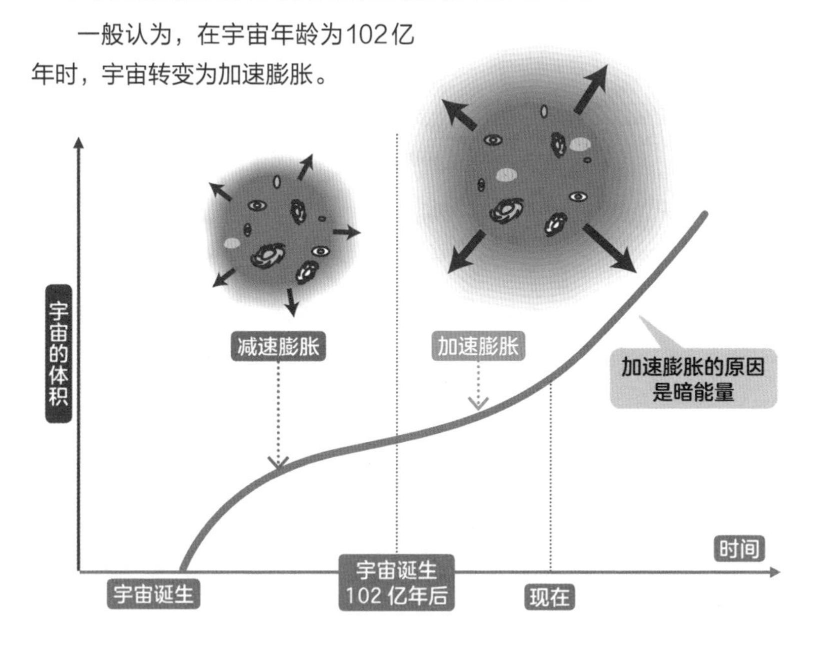

72 是谁发现了宇宙膨胀？

[宇宙论]

是天文学家勒梅特等人调查研究星系光波长时发现的！

直到20世纪初，人们一直认为宇宙是无边无际的，体积和样子也都永恒不变。

从1910年起，爱德文·哈勃等天文学家对许多星系进行了观测，发现**离地球越远的星系退行速度越快**。那么这个结论是如何得来的呢？他们是通过研究星系发出的光的颜色发现的。

远去的救护车的警笛声比停在附近的救护车听起来更加低沉。这是因为离去时声音波长变长了。这种现象叫作**多普勒效应**，实际上它也适用于光。**星系越远，发出的光的波长就越长，就越发红**（称为**红移**）。由此可知，越远的星系会以越快的速度离我们远去（下图）。

这一发现表明，宇宙不是永恒不变的，而是在不断膨胀。如果进一步追溯过去，也能佐证整个宇宙曾经都聚集在一点上的**宇宙大爆炸理论**。比利时天文学家乔治·勒梅特，最先从观测数据中推导出了宇宙膨胀。

与声音同样，光也会发生多普勒效应

▶波长与多普勒效应

声音是空气振动以波的形式传播，越是远离的物体所发出的声音波长就越长。光也是如此，远离物体发出的光波长也会变长。

关于可见光 我们眼睛能感受到的光中，红色波长最长，然后按红、橙、黄、绿、青、蓝、紫的顺序依次变短。

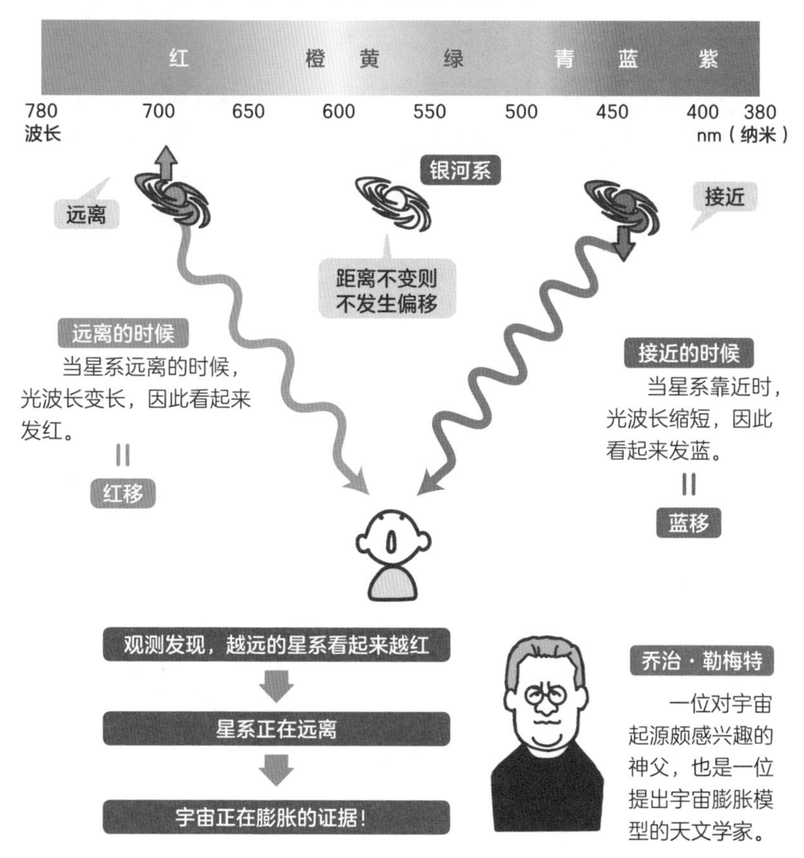

乔治·勒梅特

一位对宇宙起源颇感兴趣的神父，也是一位提出宇宙膨胀模型的天文学家。

73 浩瀚的宇宙密度均匀吗？

[宇宙论]

宇宙的结构密度不均，犹如无数泡沫聚集在一起！

宇宙的大小是超乎想象的。尽管宇宙如此广阔，我们仍可以大体了解它的构造。宇宙呈复杂分布，**像很多泡沫聚集在一起，既有星系存在的地方，也有星系不存在的地方**。像泡沫中的空气一样，没有星系的部分，被称为**宇宙空洞**，星系聚集在周围如线状分布的“**纤维状结构**”处。这种俯瞰的宇宙结构叫作**宇宙大尺度结构**（下图）。

那么为什么会形成这样的结构呢？

在宇宙诞生约37万年后，宇宙刚放晴，整个宇宙的物质密度基本上是均匀的，只有约0.1%的部分存在**密度不均**。密度较大的空间，借助引力将周围的物质一点一点地吸引过来，而密度较小的空间，变得越来越稀薄。**两者间的差异随时间推移变得越来越大，最终形成了泡沫状的结构。**

我们生活的宇宙中，存在很多叫**暗物质**的未知物质。暗物质多的地方，引力比其他地方要大，容易形成恒星。亿万颗恒星聚集组成了星系，众多星系又组成星系团……就这样一步步发展形成了网状的宇宙结构。

暗物质连接众多星系

宇宙大尺度结构是什么？

宇宙如泡沫般，呈复杂的网状结构。

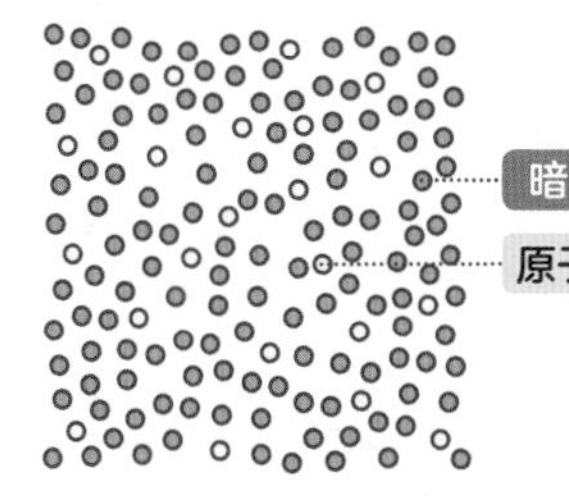

1 宇宙诞生时，宇宙整体的密度呈均衡状态。

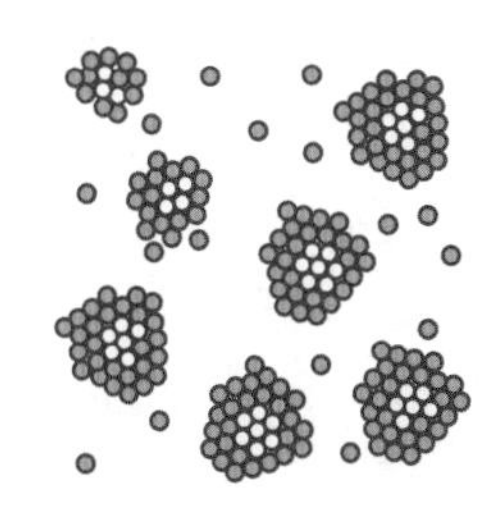

2 随着时间的推移，在暗物质引力的作用下，宇宙的密度变得不再均匀。

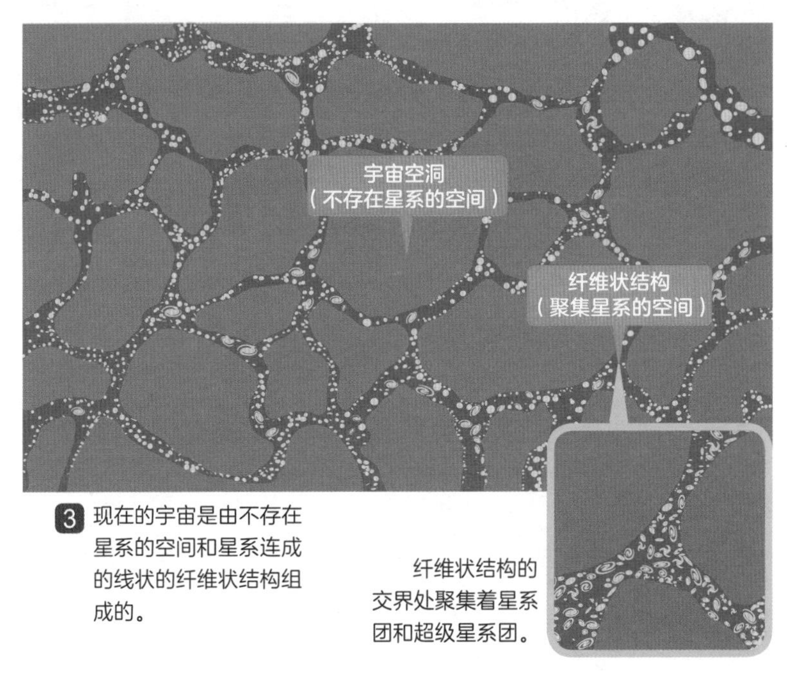

3 现在的宇宙是由不存在星系的空间和星系连成的线状的纤维状结构组成的。

纤维状结构的交界处聚集着星系团和超级星系团。

更多小知识
趣味宇宙
⑦

Q 地球在宇宙中的运转速度究竟有多快？

30 千米 / 秒	或	230 千米 / 秒	或	600 千米 / 秒

即使我们在地球上静止不动，但由于地球在自转，从宇宙角度来看，我们正在快速运动。而且，地球在围绕太阳公转。那么在宇宙中，地球的运转速度究竟有多快呢？

地球本应以极快的速度旋转，为什么我们完全感觉不到地球的自转速度呢？在确认地球的速度之前，先让我们来解决这个疑问吧！

这是因为，**地球以一定的速度自转，我们周围的物体也在以同样的速度运动**。只要地球不突然停止自转，我们就难以察觉到地球在运动（下图）。

而且，地球的自转速度随纬度而变化，在日本附近为370米/秒，比音速还要快。

另外，除了自转，地球还在围绕太阳公转，**公转速度约为30千米/秒**。

太阳和地球所在的太阳系也在围绕银河系的中心旋转。太阳系的运行速度约为**230千米/秒**，需用2亿年的时间才能绕银河系一周。

感觉不到自转的原因

"惯性"发生在人与地球之间，所以人实际上察觉不到地球的运转。

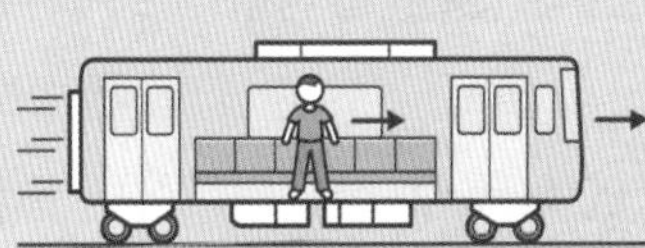

1 公交车上的人和公交车以同样的速度在移动，感觉不到速度。

什么是惯性？

是保持运动力的特性。如果物体不受外力，会保持静止或继续运动。

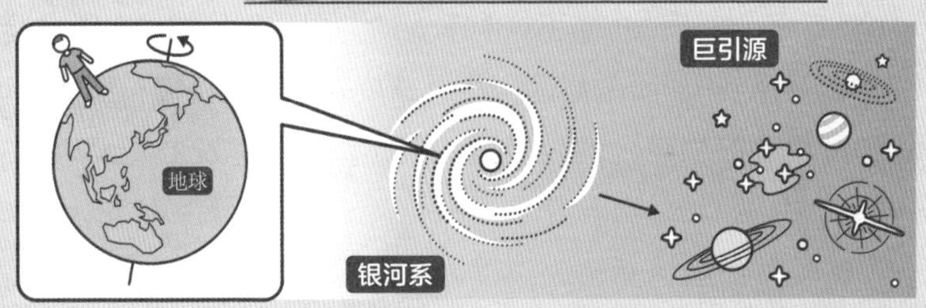

2 与1相同，所有天体都存在惯性作用，只要不受外力，人们就无法察觉到天体运行。

此外，包括太阳系在内的银河系也受到了某种力量的牵引，速度竟高达**600千米/秒**！最有说服力的观点是，银河系受到了1.5亿光年的高密度空间——巨引源的吸引。也就是说，地球在太空中被高达600千米/秒的速度牵引着。如果以这个速度从地球前往38万千米外的月球，仅需10分钟左右。

74 宇宙也像地球一样存在“垃圾问题”吗？

［人工天体］

宇宙垃圾约有1亿多个。哪怕一个小碎片也会产生巨大的破坏力！

地球上存在着严重的垃圾问题，实际上宇宙中的垃圾问题也十分严峻。这些分散在地球周围太空中的、寿终正寝的人造卫星和火箭，它们破碎散落的零件和涂装碎片等被称为**太空垃圾（宇宙垃圾）**。据JAXA调查，超过10厘米的空间碎片大约有2万个，超过1厘米的有50万～70万个，超过1毫米的有1亿多个（图1）。在近地轨道上，由于人造卫星和碎片都以**8千米/秒**（2.8万千米/小时）的高速围绕地球旋转，**一旦相撞，即使很小的碎片也会产生巨大的破坏力**。因此，还是有发生重大事故的可能。

各国都在用地面雷达和望远镜监视这些空间碎片。一旦发现人造卫星和空间站要和空间碎片发生碰撞，就会立刻改变它们的运行轨道，防止相撞。对那些从地球上无法监控到的小型碎片，也会采取一些对策，比如为空间站主体部分加装**保险杠**，或是为人造卫星的重要部分加盖**防护罩**。

此外，各国也在研发**捕捉空间碎片的卫星**。2025年，预计会进行用装有机械臂的卫星来捕捉空间碎片，并带入大气层烧毁的实验（图2）。

捕捉太空垃圾的人造卫星也在研发中

▶包围地球的太空垃圾（图1）

地球上只能观测到大于10厘米的较大碎片。据估计，超过1毫米的碎片有1亿多个。

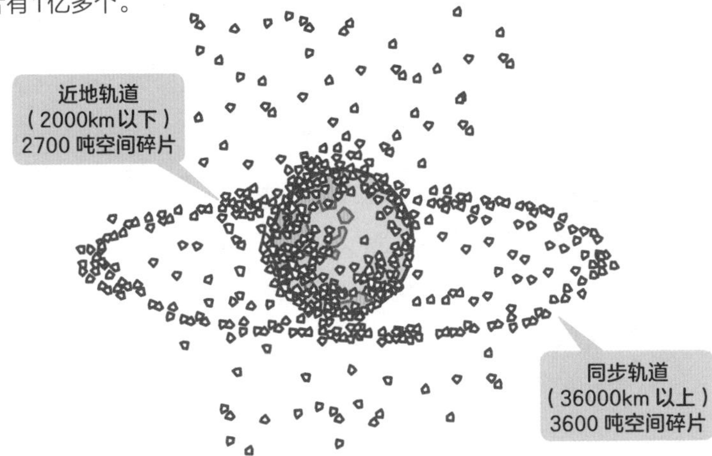

▶捕捉空间碎片的卫星实验（图2）

欧洲航天局（ESA）计划在2025年进行“清洁太空-1号”任务，太空清洁卫星将捕捉目标碎片进入大气层，和碎片一同烧毁。

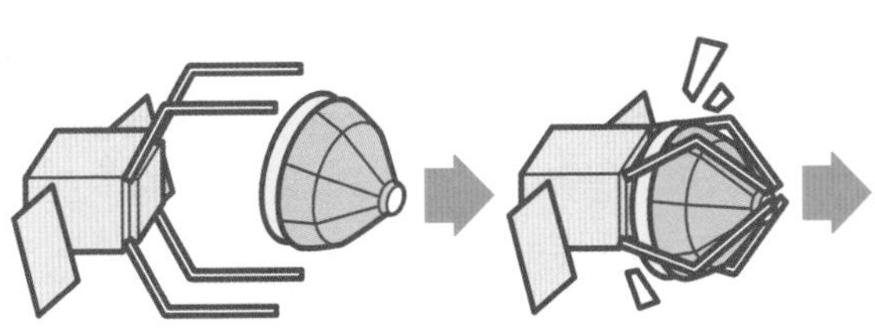

1 追踪并捕捉在720km高空快速绕行的空间碎片。

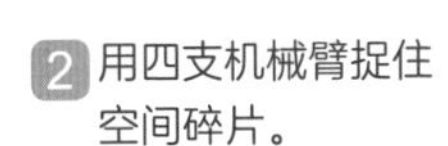

2 用四支机械臂捉住空间碎片。

3 携带空间碎片一起进入大气层烧毁。

75 星星是如何命名的?

[星体]

星星的名字由IAU管理。有的天体会以发现者名字命名!

夜空中闪耀着数不清的星星，如Vega、织女星和ISON彗星等。这些名字到底是如何被命名的呢?

目前，星星由**IAU(国际天文学联合会)**命名并管理名单。这是为了让人们了解所观察和研究的究竟是哪些星星，才对命名做统一化管理。

从公元前开始，人类就给这些夜空中闪亮的星星赋予了**固有名称**，比如织女星和天狼星等。IAU**沿用了过去使用的星星的固有名称**，同时给大部分恒星取了诸如HR7001等**英文字母加数字组合的**命名(图1)。通过开普勒太空望远镜等手段发现的新恒星和行星，会以有规律的英文字母加数字组合方式来命名，例如HD145457(恒星名)和HD145457b(绕其公转的行星)。此外，IAU有时也会公开征集名字。

恒星之外的天体，会用不同的规则来命名(图2)。**彗星会以发现者的名字命名**。若是分别独立发现，就以最早发现的前三个人的名字命名，例如海尔-波普彗星就是以发现者海尔和波普的名字命名的。

至于**小行星**，在确定它的轨道之后，**发现者拥有命名权**，不过会附带一些条件。

恒星不止有一个名字！

▶ 恒星的名字种类（图1）以Vega为例一起看看名字的不同。

名字例子	名字种类	名字特征
Vega	固有名	一个古老传统的名字，来源于阿拉伯语。Vega的意思是“俯冲的鹰”。
天琴 α 星	拜耳命名法	每个星座都按亮度以希腊字母来命名。希腊字母不足时，使用拉丁字母来代替。
天琴座 3	弗兰斯蒂德命名法	每个星座按照从西往东的次序来编号命名。
HIP 91262	星表命名（HIP 星表）	依照星座目录“依巴谷星表”命名的星星识别号码。
HD 172167	星表命名（HD 星表）	依照星座目录“亨利・德雷伯星表”命名的星星识别号码。
织女星	中式命名	中国传统使用的恒星名字，来自中国民间神话故事中的织女。

▶ 彗星和小行星的命名（图2）

彗星的命名

以彗星发现者的名字（个人、观测组织等）命名。

小行星的命名

小行星会以满足以下条件的发现者提议的名字命名。

❶ 尽可能用一个单词
❷ 4～16 拉丁字母
❸ 不能是令人不快的名字

76 北极星永远在正北方吗？

［星体］

北极星原本就不在正北，而是随时代变化！

人们常说，北极星是一颗永远位于正北方的星星，是指引方向的标志。北极星位于地球地轴的延长线上（**北天极**），从正北方观察几乎看不到它在动。夜空中的星星，似乎也以北极星为中心在做圆周运动，但实际上这些都是由地球自转造成的。

那么北极星将来也一直会位于正北方吗？

首先，现在的北极星其实是与北天极稍有一点偏离的，严格意义来说**并非位于正北**。如果仔细观察，你就会发现北极星其实在做很小的圆周运动。另外，我们知道地球的地轴通过**进动（岁差运动）这一运动，以26000年为周期在改变方位**（图1）。

目前的北极星是**勾陈一**（小熊座α星），但是在2000～3000年前是北极二（小熊座β星），5000年前是右枢（天龙座α星）。在每个时期，最接近北天极的星星都会成为北极星（图2）。

今后，北天极也会继续移动。据估计，8000年后，天津四（天鹅座α星）将成为北极星；12000年后，**织女星**（天琴座α星）将成为北极星。

12000 年后织女星将成为北极星

▶ 由于进动，地轴指向发生移动（图 1）

北极星位于地轴伸向北极的延长线上。由于进动，地球地轴的指向会改变，因此，北极的方向也会随时间推移而变化。

进动

当旋转的陀螺倾斜时，轴的上部在保持倾斜的状态下做圆周运动（进动）。

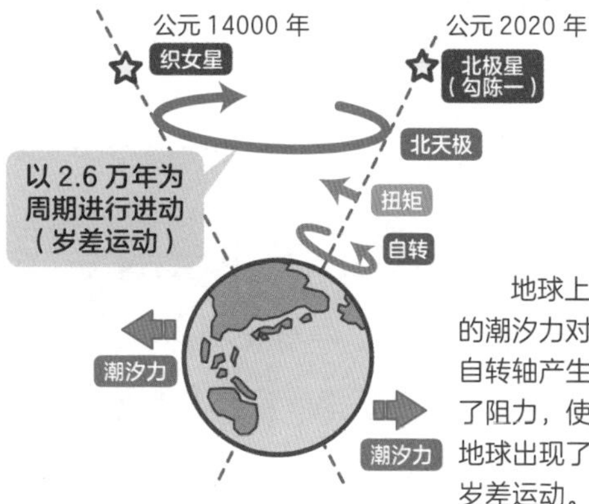

地球上的潮汐力对自转轴产生了阻力，使地球出现了岁差运动。

▶ 北极星因进动移动（图 2）

随着时间的推移，成为北极星的星星也在发生改变。

公元2000年（现在）
公元0年 / 公元26000年
公元4000年
勾陈一
公元6000年
公元24000年
仙王座
小熊座
右枢
北极二
公元8000年
公元22000年
公元10000年
公元20000年
天津四
武仙座
公元12000年
公元18000年
天鹅座
公元14000年
织女座
公元16000年
天琴座

以日本国立科学博物馆“宇宙提问箱”为基础作图

77 “量子论”可以解释宇宙的起源吗？

[宇宙论]

量子论可以解释微观世界，也可以解释宇宙起源！

量子论是公认的解释宇宙起源的重要理论。那么量子论究竟是什么，又是如何跟宇宙关联的呢？

我们把小于一千万分之一毫米、比原子还要微小的物质世界称为**微观世界**，把解释微观世界中电子和光等运动的理论称为量子论。一般认为，**宇宙从初始到10^{-43}秒，都处于这一微观世界的影响下**。用量子论解释宇宙起源的学说有好几个。

在量子论中，会发生常规世界难以想象的现象。例如，假设在一个无盖的小盒子里放入粒子，按照常理，想要取出粒子，只有把粒子上提将其取出这一种办法。但在微观世界里，**粒子可以穿过盒子的外壳**，这一现象叫作“**量子隧穿效应**”。有观点认为，**由于量子隧穿效应，“宇宙雏形”就从“无”的状态中诞生了**（图1）。

也有观点认为，宇宙是从“真空涨落”中产生的（图2）。总之，量子论正被广泛用于宇宙起源的研究。

宇宙产生于微观世界？

▶宇宙是由量子隧穿效应产生的吗？（图 1）

如果将一颗小粒子放入小盒子里，在一定概率下，这颗粒子会自动来到盒子外面，这一现象叫作量子隧穿效应。与此现象类似，有观点认为，尽管存在着无法逾越的壁垒，可宇宙雏形还是溢到了外面。

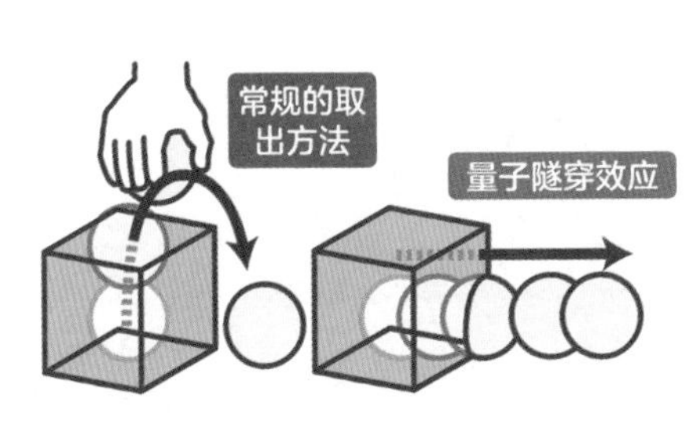

通常情况下，盒子内的小球只能用手从上方取出，但是在微观世界里，小球会在一定的概率下自动穿出。

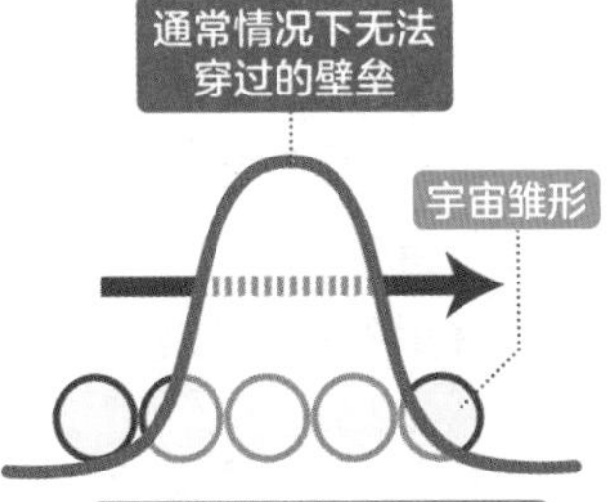

尽管非常罕见，但宇宙雏形依然穿过通常无法逾越的壁垒，出现在外面。

▶“真空涨落”创造了宇宙？（图 2）

在量子论中，真空并非一个完全虚无的空间，而是一个所有粒子虚拟形成或消失的空间，我们称之为真空涨落。与这种现象类似，有观点认为宇宙也是来源于量子涨落。

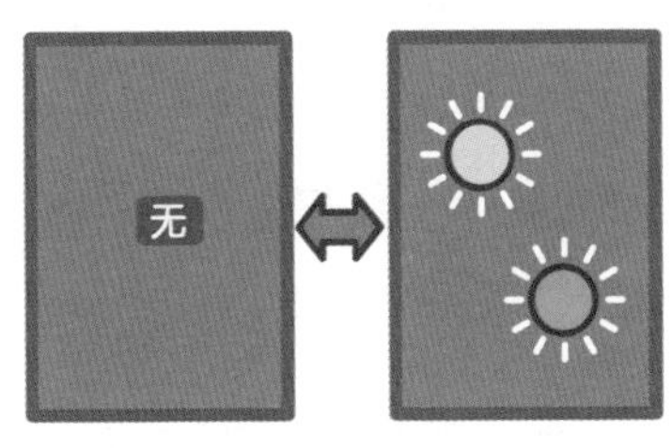

由于真空涨落，微观世界的粒子不断地虚拟产生和消失。

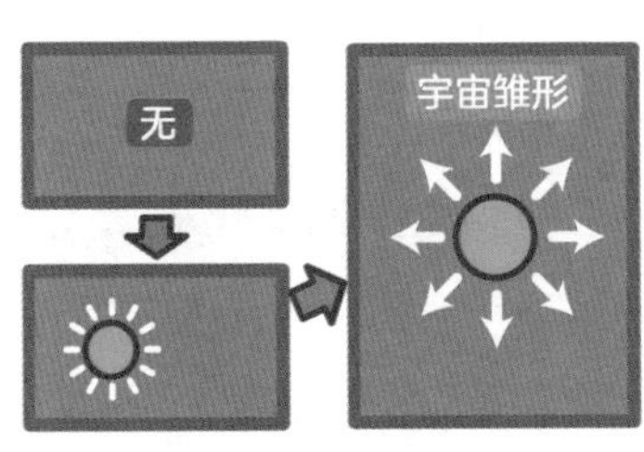

以涨落的形式产生的宇宙，在某种概率下无法实现从有到无，宇宙雏形就出现了。

78 [星座] 出生月的星座占卜和真正的星座有什么关系？

在出生月里，位于太阳方向的星座被视为出生月星座，不过在现代已略有偏差！

占卜中的星座与人的出生月份密切相关。为什么星座和出生月份会有关系呢？

地球绕太阳一圈需要一年的时间。所以从地球上看，位于太阳所在方向的星座会按月份依次变化。换个角度说，即太阳是用一年的时间在十二个星座中绕一圈。**此时，太阳表面上的轨道就叫"黄道"，太阳在轨道中依次绕过的十二个星座，被称为黄道十二星座（黄道十二宫）**。

约5000年前，古代美索不达米亚文明创造出星座时，4月对应的星座，是位于太阳方向的白羊座。虽然在夜晚和白天都看不到，不过白羊座的确是位于太阳的方向。5月对应的是金牛座（下图）。

因此，4月（3月21日～4月20日）出生的人是白羊座，5月（4月21日～5月20日）出生的人是金牛座……

但是由于地球的**进动**（第206页），黄道上的星座位置会有些许偏差。现在，4月位于太阳方向的是双鱼座，五月是白羊座，**分别偏差了一个星座**。

过去，4 月位于太阳方向的是白羊座

出生月份与星座的关系

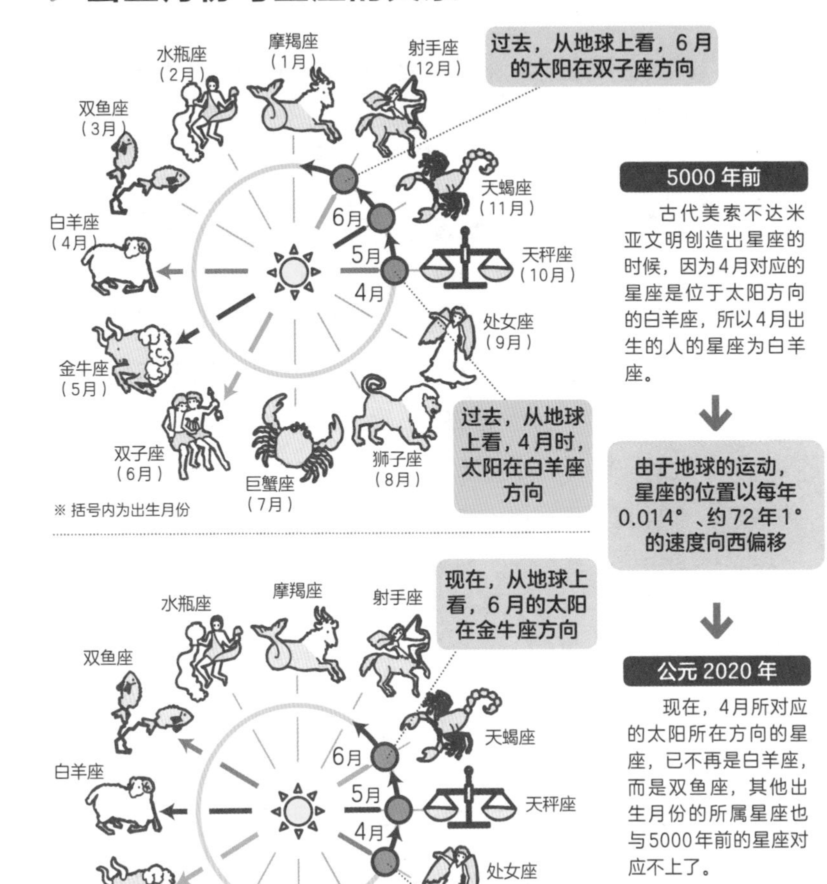

79 在地球上能看到在宇宙中穿梭的宇宙射线吗？

［宇宙］

宇宙射线是一种高能辐射。到达地表的是对人体无害的次级宇宙线。

在**太空中有一种以接近光速在高速穿梭的宇宙射线**。实际上，我们在地球上是可以看到宇宙射线的轨迹的。

首先来解释一下宇宙射线是什么，它其实**是一种高能辐射**。一般认为，宇宙射线大多来自太阳系以外的 **“星系宇宙射线”**，是因超新星爆炸等情况而飞来的。

宇宙射线与辐射类属同源，对生物来说是有危害的。但也不必多虑，地球有厚厚的大气层守护。飞散在太空中的宇宙射线叫作**初级宇宙线**，约80%会以质子（氢原子核）的形态飞向地球。当质子遇到地球的大气层时会发生反应，从而产生μ粒子和电子等，这些就叫作次级宇宙线（图1）。落在我们头顶的就是**次级宇宙射线**。

宇宙线是辐射，我们用肉眼是看不到的。但是，**如果使用一种叫作“云室”的装置，就可以看到宇宙射线**（图2）。云室是把蒸发后变成气体的酒精蒸气，放入玻璃制的箱子中，通过干冰冷却，酒精蒸气成过饱和状态（容易凝结成细小液态颗粒的状态）。此时，如果有宇宙射线通过箱中，就可以看到宇宙射线的穿行轨迹。

云室将宇宙射线的轨迹可视化

▶初级宇宙射线和次级宇宙射线（图1）

太空中飞散的质子等初级宇宙射线，遇到大气层时会发生反应，会产生μ粒子和电子等次级宇宙射线，并有一部分会到达地面。

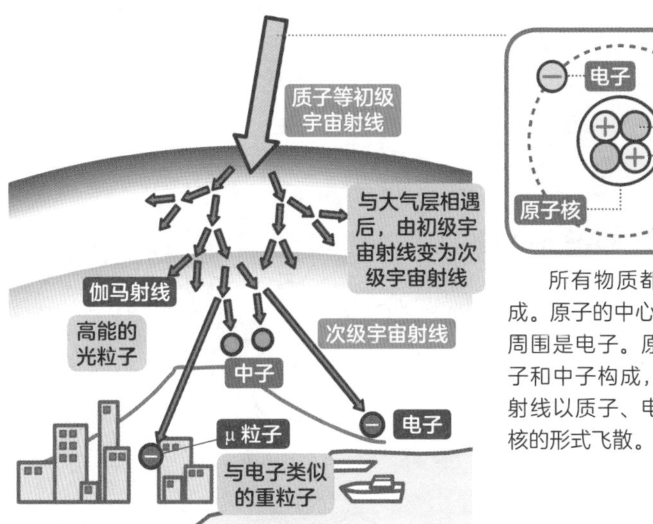

所有物质都由原子组成。原子的中心有原子核，周围是电子。原子核由质子和中子构成，初级宇宙射线以质子、电子和原子核的形式飞散。

▶用云室观察宇宙射线的轨迹（图2）

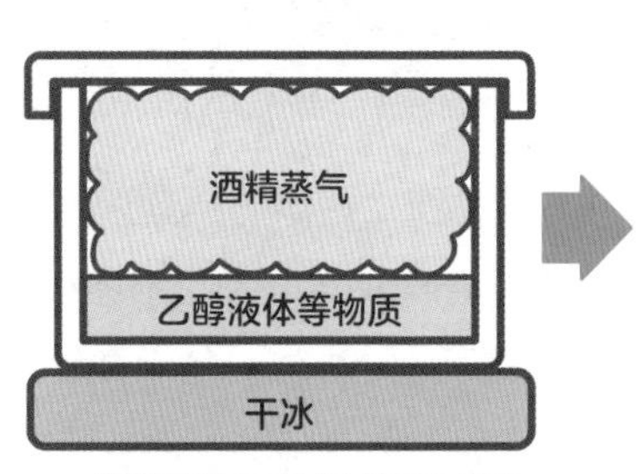

使酒精蒸气变成过饱和状态（容易凝结成细小的液态颗粒）。

宇宙射线穿过的痕迹处，会产生细小的酒精颗粒，可以看到它的轨迹。

Q 宇宙射线会比光速快吗？

偶尔会快 或 绝无可能 或 永远比光快

我们在前面说过，宇宙射线是一种高能辐射，在太空中以“接近光的速度”穿梭（第212页）。那么宇宙射线究竟有多快呢？会比光速还要快吗？

爱因斯坦的狭义相对论（第188页）中提到“**物体的运动速度是不能超过光速的**”。那么，宇宙射线的速度也无法超越光速吗？

想要了解宇宙射线的速度，那么我们暂且不考虑第212页介绍的星系宇宙射线，先了解一下太阳发来的“**太阳宇宙射线**”**吧**！

太阳光约需**8分20秒**就可到达地球，但是太阳宇宙射线需要花**1～2天**才能到达。为什么会这么慢呢？这是因为宇宙射线被太阳磁力线捕捉，无法直线前进。星系宇宙射线也是如此，据说到达时间要比光慢400倍左右。

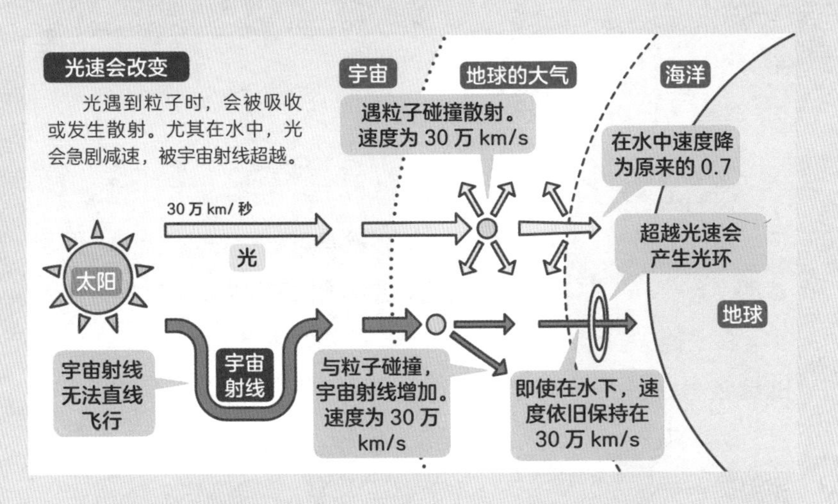

看到这些数字，或许可以说“宇宙射线比光要慢”，但是场所不同，情况也会不同，不能一概而论。这个场所就是我们生活的“地球”。

其实，**光在大气层中的速度，要比在外太空慢一些**。因此次级宇宙射线（第212页）的速度会比光速快。同样，因为光在水下的速度会减慢，所以会被次级宇宙射线超越。总之，在地球上宇宙射线要比光速快。

第189页所介绍的狭义相对论指出：“任何物体的运动速度都不可能超越光速。”实际上这只限于在真空环境中。若在地球环境中，情况会有所不同，宇宙射线是可以超越光速的。

80 [宇宙探查] 怎样才能成为一名宇航员?

必须通过 JAXA 不定期举办的选拔考试，再经过两年的培训!

怎么才能成为一名宇航员呢?

首先，需要参加**预备宇航员选拔考试**。以日本为例，想要参加 JAXA 的选拔考试，需要满足毕业于自然科学专业，具有3年以上相关领域的工作经验，英语能力等条件(图1)。JAXA的选拔考试并不是每年都举办，而是不定期的。顺便说一下，2008年的选拔考试中，有**963人报名，最终只选了3人为预备宇航员**。

成为预备宇航员后，要在JAXA和NASA接受**为期两年左右的学习和实操训练**。学习内容为宇宙飞船和ISS的相关知识、宇宙科学和语言等；实操训练包括飞机驾驶、求生训练等内容(图2)。如果能顺利通过训练，就可以成为一名真正的宇航员。

那么通常是选拔一些什么样的人才呢?

实际上，**时代不同，所需人才也不同**。以美国为例，探索太空还处于摸索阶段时，选拔的都是军人。建成ISS之后，就开始选拔可做太空实验的科学家和能为ISS提供技术支持的工程师。据说今后将向医生、艺术家和程序员等各种专业人士敞开大门，去太空的人会越来越多。

严酷训练下的淘汰

JAXA 选拔考试的主要报名条件（图 1）

报名条件

- 拥有日本国籍
- 大学以上学历

（自然科学方向：理学部、工学部、医学部、牙医学部、药学部、农学部等）

- 在自然科学领域有三年以上实际工作经验
- 具备灵活应对训练和宇宙飞行的能力
- 具备训练所需的游泳能力
- 具备能够熟练沟通的英语能力
- 具备能适应训练、长期停留的身体和心理素质

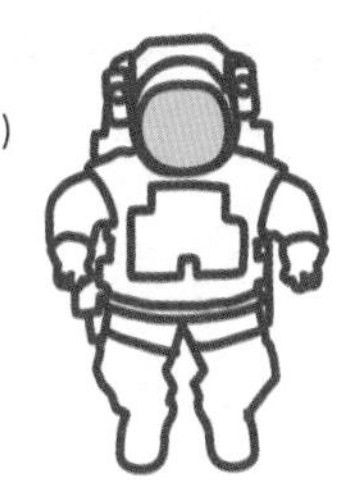

※ 引自 2008 年选拔考试报名摘要。

入选后的训练（图 2）

宇航员候选人的训练内容主要包括以下四组课程。

学习基础知识

进行火箭及在太空使用的器械方面的训练，并学习一定的工学知识来运用上述器械。

宇宙实验训练

在ISS进行宇宙实验、观测的训练和实习，学习其所需知识。

ISS 训练

使用训练设备进行ISS操作的训练和实习。尤其要着力进行日本实验舱内的训练。

基础能力训练

需要进行英语和俄语训练、飞机驾驶训练、求生训练、身着宇航服的舱外活动训练、体验低压和减压等训练。

81 [宇宙旅行] 普通人有可能去太空旅行吗？

次轨道太空飞行、在ISS停留、环月旅行等多种太空旅行项目正在规划之中！

将来，普通人也能轻松前往太空旅行吗？下面介绍一下正在规划当中的几个太空旅行项目。

“次轨道太空飞行”指的是乘宇宙飞船上升到太空入口100千米的高度，**体验5分钟左右的失重状态的旅行**。能体验到摆脱重力后的自由感，还能看到飞船外的圆形地球。有几家旅行社正在进行试飞，并成功载客飞行至80千米的高空。

可**在ISS（国际空间站）停留**。ISS已着手**准备接纳私人宇航员，最多可在此停留30天**。可体验失重状态下的衣食住行，可从400千米的高度眺望地球。实际上已有几位企业家造访了ISS。

环月旅行也在筹划之中。单程仅需3天就可以靠近月球，虽然不能真正登陆，但是**可以近距离眺望月球全景，包括月球背面，然后再返回地球**。在这场旅行中，估计还能看到地球从月球的地平线上缓缓升起的样子。现在，人们为了这项计划在2023年得以顺利启航，一直在反复进行宇宙飞船的飞行测验。

顺便说一下，在太空旅行时，有可能会出现速度急剧变化和太空晕动症，乘客需要事先做训练和体检。

卖点是无重力体验和太空观光

▶各种各样的太空旅行计划

通过次轨道太空飞行，前往太空

用航天机运至空中后分离，飞向太空。费用大约是2500万日元（折合人民币约140.8万元）。

国际空间站停留

乘坐联盟号或民用宇宙飞船到达ISS大约需要24小时。费用估计在50亿日元以上（折合人民币约2.8亿元）。

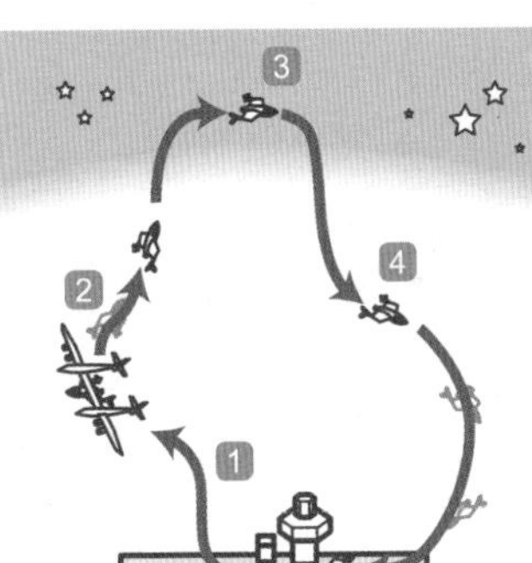

1 运送至 1.5 万 m 的高度
2 给火箭点火
3 在高度 100km 的地点感受 5 分钟失重体验
4 借助重力返回地球

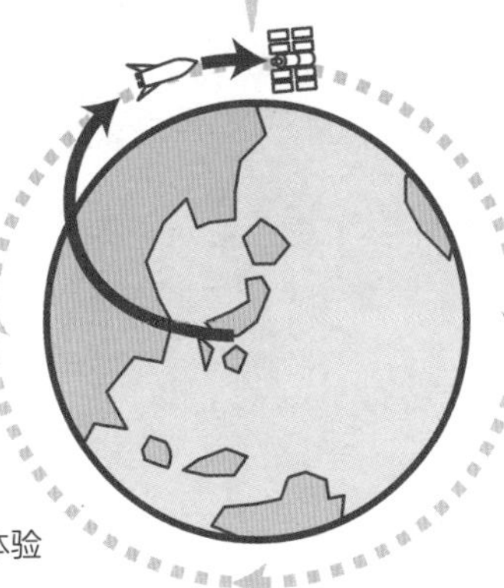

月球观光　在轨道上发动火箭助推器前往月球。成本约为100亿日元（折合人民币约5.6亿元）。

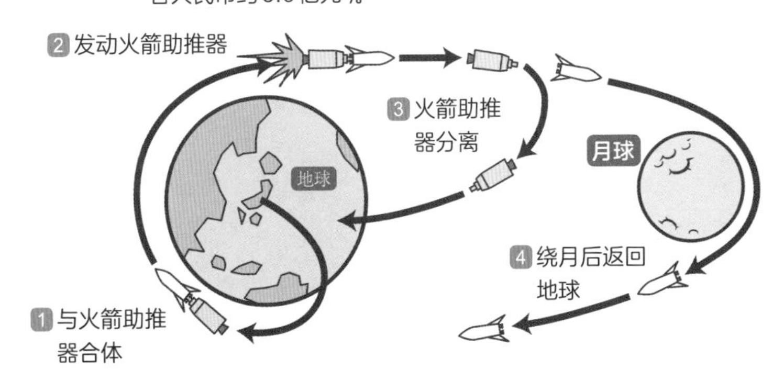

改变世界的常识

有关宇宙的发现历史

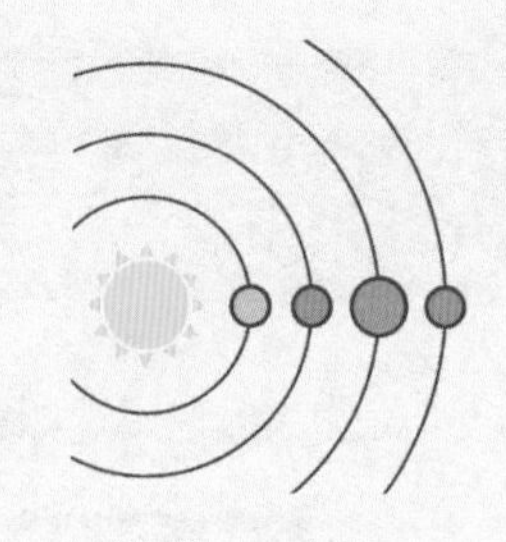

公元前3100年左右	古埃及使用太阳历
公元前3000年左右	古代美索不达米亚创造星座（P210）
公元前2900年左右	古代美索不达米亚使用太阴历
公元前270年左右	埃拉托色尼（希腊）计量地球的大小
公元前150年	喜帕恰斯（希腊）发现岁差运动（P206）
公元前129年	确定46个星星的目录，发表《依巴谷星表》
公元前45年	古罗马引进了儒略历（太阳历、格利戈里历的基础）
150年	托勒密（希腊）提出地心说
1543年	哥白尼（波兰）提出日心说（P70）
1572年	第谷（丹麦）详细观测超新星（P40）
1582年	罗马帝国引入格利戈里历（现在许多国家使用的历法）
1603年	世界上第一本全天星图集《拜耳星图》出版
1608年	汉斯·利伯希（荷兰）发明了望远镜
1609年	伽利略（意大利）通过望远镜观测月球表面
	开普勒（德国）发表了行星运动定律（P154）
1655年	惠更斯（荷兰）发现土星环和土卫六
1668年	牛顿（英国）发明牛顿反射式望远镜
1687年	牛顿发表万有引力定律（P24）
1705年	哈雷（英国）发现周期彗星
1781年	赫歇尔（英国）发现天王星（P138）
1785年	赫歇尔研究出银河系结构图
1801年	皮亚齐（意大利）发现小行星谷神星（P132）

1846年　伽勒（德国）等人，发现海王星（P138）
1851年　傅科（法国）证明地球自转
1905年　爱因斯坦（德国）发表狭义相对论（P188）
1911年　赫斯（奥地利）发现宇宙射线（P212）
1915年　爱因斯坦，发表广义相对论（P188）
1927年～　勒梅特（比利时）、哈勃（美国）
　　发现宇宙膨胀的相关定律（P196）
1930年　汤博（美国）发现冥王星（P140）
1931年　央斯基（美国）发现来自太空的无线电波（P156）
1946年　伽莫夫（俄罗斯）发表大爆炸宇宙模型（P62）
1957年　苏联（现俄罗斯）发射了人类首颗人造卫星斯普特尼克1号
1965年　彭齐亚斯（美国）等人，发现宇宙微波背景辐射
1969年　人类（美国）首次登陆月球，进行月球载人探测（P114）
1971年　小田稔（日本）等人，在天鹅座发现黑洞候选天体
1978年　格列高利（美国）等人发现了宇宙空洞和宇宙大尺度结构（P198）
1990年　美国发射哈勃空间望远镜
1992年　朱维特（美国）等人发现太阳系外缘天体（P140）
1995年　马约尔和奎洛兹（都来自瑞士）发现了系外行星（P46）
1998年　盖兹（美国）等人在银河系中心发现了黑洞存在的证据、
　　波尔马特（美国）等人发现宇宙在加速膨胀（P194）
2000年　日本开始运营昴星团望远镜
　　开始在国际空间站（ISS）逗留（P166）
2006年　国际天文学联合会（IAU）重新定义了行星、矮行星等分类
2013年　开始运用阿尔玛望远镜
2015年　成功观测到来自宇宙的引力波（P190）
2019年　成功使用射电望远镜拍摄到黑洞

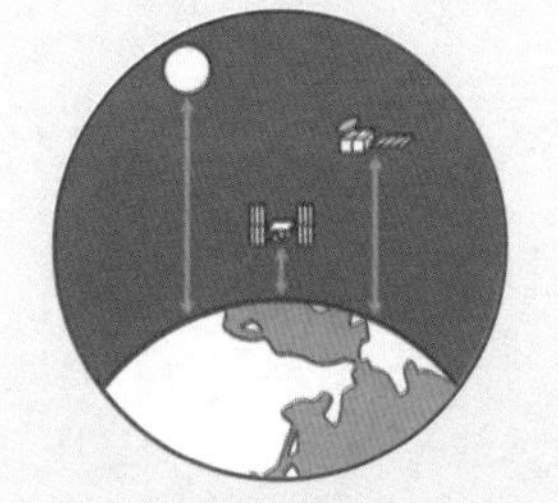

索 引

参考文献

《理科年表 2020》日本国立天文台（丸善出版）
《宇宙的诞生与终结》松原隆彦（SB creative）
《现代天文学 9 太阳系与行星》渡部润一、井田茂、佐佐木晶（日本评论社）
《学术研究图鉴 LIVE 宇宙》吉川真、县秀彦主编（学研 plus）
《新视界学术研究图鉴——地球与气象》猪乡久义、饶村曜主编（学研 plus）
《新视界学术研究图鉴——宇宙》吉川真主编（学研 plus）
《图解入门——了解最新地球历史之书》川上绅一、东条文治（秀和 system）
《让人求知难眠的趣味图解——宇宙的故事》渡部润一主编（日本文艺社）
《彩色版完全图解——宇宙的组成》（新星出版社）
《宇宙用语图鉴》二间濑敏史（Magazine House）
《通过图画了解宇宙地球科学》寺田健太郎（讲谈社）
《现代物理学描绘的宇宙论》真贝寿明（共立出版）
《 Newton 分册——用数学来解释宇宙》祖父江义明（Newton Press）
《 Newton 分册——宇宙大图鉴 200》（Newton Press）
《 Newton 分册——星系全貌 增补第二版》（Newton Press）
《星座图鉴》藤井旭（河出书房新社）
《暗物质与恐龙灭绝》丽莎・蓝道尔（NHK 出版）
《宇宙的构建》本・吉里兰（丸善出版）
天文学辞典（http://astro-dic.jp/）
宇宙情报中心（http://spaceinfo.jaxa.jp/）
NASA Solar System Exploration（https://solarsystem.nasa.gov/）
日本天文台（https://www.nao.ac.jp/）
日本科学博物馆宇宙提问箱
（https://www.kahaku.go.jp/exhibitions/vm/resource/tenmon/space/index.html）

著作权合同登记：图字 01–2021–2492

Original Japanese title: ILLUST & ZUKAI CHISHIKI ZERO DEMO TANOSHIKU YOMERU! UCHU NO SHIKUMI
Copyright © 2020 NAOYA HORIUCHI
Original Japanese edition published by Seito-sha Co., Ltd.
Simplified Chinese translation rights arranged with Seito-sha Co., Ltd.
through The English Agency (Japan) Ltd. and Qiantaiyang Cultural Development (Beijing) Co., Ltd.

图书在版编目（CIP）数据

你想知道的宇宙 /（日）松原隆彦主编；胡毅美译 . -- 北京：天天出版社，2022.4
（知识问不停）
ISBN 978–7–5016–1749–4

Ⅰ . ①你… Ⅱ . ①松… ②胡… Ⅲ . ①宇宙 – 儿童读物 Ⅳ . ① P159–49

中国版本图书馆 CIP 数据核字 (2021) 第 191852 号

责任编辑： 王晓锐　　**美术编辑：** 林　蓓
责任印制： 康远超　张　璞

出版发行： 天天出版社有限责任公司
地址： 北京市东城区东中街 42 号　　**邮编：** 100027
市场部： 010–64169902　　**传真：** 010–64169902
网址： http://www.tiantianpublishing.com
邮箱： tiantiancbs@163.com

印刷： 北京利丰雅高长城印刷有限公司　　**经销：** 全国新华书店等
开本： 880 × 1230 1/32　　**印张：** 7
版次： 2022 年 4 月北京第 1 版　　**印次：** 2022 年 4 月第 1 次印刷
字数： 163 千字　　**印数：** 1–10,000 册

书号： 978–7–5016–1749–4　　**定价：** 40.00 元